AF281034

Manipulación de alimentos

avanza editorial

Editado por:
EDITORIAL FAE, S.L.U.
Correo electrónico: editorial@editorialfae.com

Manipulación de alimentos
Avanza Editorial

1ª Edición

ISBN: 978-84-1135-359-5

Impreso en España

Índice

U. A. 1. Enfermedades transmitidas por los alimentos

U. A. 2. Alteración y contaminación de alimentos

U. A. 3. Prevención de enfermedades de transmisión alimentaria

Introducción

Objetivos

1. El papel de los manipuladores como responsables de la prevención de las enfermedades de transmisión alimentaria

    1.1. Requisitos del manipulador de alimentos

    1.2. Responsabilidad y prevención

2. Requisitos higiénico-sanitarios de la industria alimentaria

    2.1. Proyecto y construcción de las instalaciones

    2.2. Guías de Prácticas Correctas de Higiene (GPCH) o Planes Generales de Higiene (PGH)

3. Limpieza y desinfección. Higiene de los locales y equipos

    3.1. Terminología

    3.2. Programa de limpieza y desinfección

    3.3. Productos de limpieza y desinfección

4. Control de plagas

    4.1. Necesidad de controlar las plagas

    4.2. Cómo controlar las plagas

Aplicaciones prácticas

Ejercicio de evaluación final

Solucionario

Bibliografía

Índice

U. A. 1. Enfermedades transmitidas por los alimentos

Introducción

La seguridad alimentaria es un aspecto fundamental en la salud pública. Cada día, miles de personas consumen alimentos que, sin una adecuada manipulación, pueden convertirse en un vehículo de transmisión de microorganismos patógenos y sustancias nocivas. Por ello, comprender cómo se producen las enfermedades transmitidas por los alimentos es esencial para prevenirlas y proteger la salud de los consumidores.

En esta primera unidad se abordarán los conceptos básicos de higiene alimentaria y se estudiarán los diferentes tipos de enfermedades de transmisión alimentaria que pueden aparecer como consecuencia de una contaminación o manipulación deficiente de los alimentos. Se analizarán los principales agentes implicados, como bacterias, virus, parásitos y toxinas naturales presentes en ciertos alimentos, así como los factores que favorecen su supervivencia y proliferación.

También se explicará la diferencia entre infección alimentaria, intoxicación y toxiinfección, para entender que no todas las enfermedades relacionadas con los alimentos pueden tener el mismo origen ni actuar de la misma manera sobre el organismo. Conocer estas diferencias es clave para determinar la causa de un brote alimentario y aplicar las medidas correctoras adecuadas.

El análisis de estos aspectos permitirá al alumnado tomar conciencia de la importancia de la higiene, la conservación y el control de los alimentos en todas las etapas: desde su producción y almacenamiento hasta su manipulación y consumo. Esta base teórica será el punto de partida para desarrollar una actitud profesional responsable y para comprender, en unidades posteriores, los métodos y procedimientos de prevención que se deben aplicar para garantizar la seguridad alimentaria.

Objetivos

- Conocer las principales enfermedades transmitidas por los alimentos, su origen, causas y consecuencias para la salud, así como los factores que intervienen en su aparición y propagación.
- Diferenciar entre infección, intoxicación e intoxicación por toxinas naturales, identificando sus características y mecanismos de acción en el organismo.
- Analizar los microorganismos patógenos más frecuentes presentes en los alimentos (bacterias, virus y parásitos) y sus vías de transmisión, para comprender el riesgo real que suponen para la población.

1. Terminología básica

Según establece la normativa vigente en materia de manipuladores de alimentos:

- **Manipulador de alimentos:** toda persona que, por su actividad laboral, entra en contacto directo con los alimentos en cualquiera de las fases de producción, preparación, fabricación, transformación, elaboración, envasado, almacenamiento, transporte, distribución, venta, suministro y servicio de alimentos.

  Es fundamental que todas las personas (y todas las entidades), implicadas en la manipulación de alimentos actúen de forma responsable y coordinada. Por una parte, los empresarios o propietarios deben tomar las medidas más adecuadas y razonables para asegurar la conformidad del personal que gestiona y los directivos deben vigilar, entrenar y motivar todos los aspectos que sean capaces de mejorar los aspectos higiénicos de la empresa. Por otra parte, los manipuladores de alimentos (personal de cocina, personal de sala, personal de limpieza, etc.) deben cumplir los estándares marcados por la dirección y ser partícipes en todos los sentidos de la aplicación del sistema.

  La formación en materia de higiene de los alimentos es el aspecto más importante en la prevención de los riesgos. Dicha información podrá ser impartida bien por la propia empresa o bien por una empresa externa concertada.

- **Manipulador de mayor riesgo:** los manipuladores de alimentos cuyas prácticas de manipulación pueden ser determinantes en relación con la seguridad y salubridad de los alimentos.

  Se consideran manipuladores de mayor riesgo los dedicados a las siguientes actividades:

  - Elaboración de comidas preparadas para venta, suministro y servicio directo al consumidor o colectividades.

o Aquellas otras que puedan calificarse como de mayor riesgo por la autoridad sanitaria competente, según datos epidemiológicos, científicos o técnicos.

Un manipulador de alimentos de mayor riesgo está en contacto directo con los alimentos

2. La higiene alimentaria

Para la mayoría de las personas, la palabra **higiene** significa limpieza. Si algo parece limpio, entonces piensan que debe ser también higiénico. Un empleado en la industria de la manipulación de alimentos ha de hacer cuanto esté en sus manos para que los alimentos que maneja sean totalmente higiénicos y aptos para ser consumidos sin causar intoxicación alimentaria.

 **Vocabulario**

Higiene: conjunto de conocimientos y técnicas que deben aplicar los individuos para el control de los factores que ejercen o pueden ejercer efectos nocivos sobre su salud.

La higiene es la disciplina no médica que tiene por objeto la conservación de la salud y la prevención de enfermedades; por tanto, persigue especialmente la prevención de efectos nocivos, es decir, la disposición que se hace de forma anticipada para minimizar un riesgo.

La higiene alimentaria es el conjunto de medidas necesarias para asegurar los alimentos desde la producción hasta la llegada a la mesa del consumidor. Si se quiere conseguir alimentos higiénicos toda la organización (dirección y personal manipulador) de la empresa debe estar comprometida. Abarca todas las fases posteriores a la producción primaria incluyendo preparación, manipulación, venta y suministro al consumidor; es decir, desde la granja a la mesa.

Ejemplo de alimento en mal estado

 Vocabulario

Higiene alimentaria: conjunto de medidas necesarias para garantizar la seguridad y salubridad de los productos alimenticios.

El Reglamento (CE) nº 852/2004 del Parlamento Europeo y del Consejo, de 29 de abril de 2004, relativo a la higiene de los productos alimenticios define la higiene alimentaria como el conjunto de medidas y condiciones necesarias para controlar los peligros y garantizar la aptitud para el consumo humano de un producto alimenticio teniendo en cuenta la utilización prevista para dicho producto.

Desde el momento de su definición, el Reglamento define la higiene alimentaria como higiene a secas.

La verdadera **definición de higiene alimentaria** es:

- La destrucción de todas y cada una de las bacterias perjudiciales del alimento por medio del cocinado u otras prácticas de procesado.
- La protección del alimento frente a la contaminación: incluyendo a bacterias perjudiciales, cuerpos extraños y tóxicos.

- La prevención de la multiplicación de las bacterias perjudiciales por debajo del umbral en el que producen enfermedad en el consumidor y el control de la alteración prematura del alimento.

Si se quieren conseguir alimentos realmente higiénicos, todo el personal involucrado en su producción y comercialización ha de guardar unas buenas prácticas higiénicas.

Los **costes de una práctica higiénica deficiente son:**

- El cierre de un negocio.
- La pérdida de su empleo.
- Cuantiosas multas y costes legales y posible encarcelamiento.
- La pérdida de su reputación.
- El pago de indemnizaciones a las víctimas de intoxicación alimentaria.
- La aparición de brotes de intoxicación alimentaria, pudiendo causar incluso la muerte de personas.

Los costes de una mala higiene alimentaria son muy elevados

- La contaminación de los alimentos y las quejas de los consumidores y del personal.
- La devolución de artículos alterados.
- La pérdida de la moral en el personal, una menor motivación en el trabajo, peores rendimientos, una mayor movilidad de plantilla y menores beneficiosos (lo que supone menores salarios y primas).
- No solo el empresario es el responsable de la ocurrencia de un brote de intoxicación alimentaria. También usted podría ser procesado y le sería muy difícil encontrar otro trabajo en la industria alimentaria.

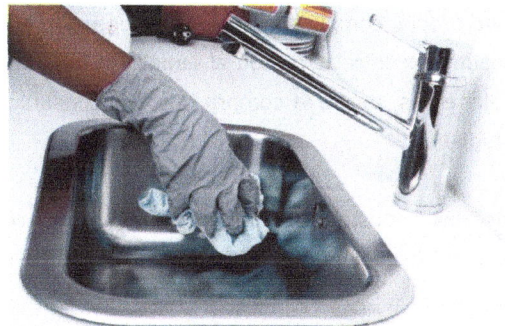

En una práctica higiénica deficiente no solo es culpable el empresario

Los **beneficios de una buena práctica higiénica** son:

- Una buena reputación de la empresa y pundonor personal.
- Una mejora en los rendimientos, mayores beneficios y salarios.
- Una mejor motivación del personal, que promueve un ambiente de trabajo más seguro y agradable.
- La satisfacción del cliente.
- Unas buenas condiciones laborales con menor frecuencia de recambio de plantilla.
- La adecuación a la ley y la satisfacción de las Autoridades Sanitarias (la vigilancia demasiado estrecha del inspector de sanidad puede llegar a ser muy estresante).
- La satisfacción personal y laboral.

La Organización Mundial de la Salud declara anualmente miles de casos de enfermedades, de origen microbiano, causadas por la contaminación de alimentos y, pese al elevado número de estas, tan solo reflejan el 10% de los casos que se producen.

La contaminación microbiológica de los alimentos, así como la producida por los residuos procedentes de la utilización de medicamentos veterinarios o aditivos incorporados a la alimentación de los animales, los contaminantes existentes en el ambiente, los procedentes de las transformaciones tecnológicas o de los tratamientos culinarios etc., se produce tanto en países desarrollados como en vías de desarrollo, ya que existen numerosas circunstancias que favorecen la contaminación alimentaria y, entre ellas, la más importante es la propia complejidad de la cadena alimentaria y la falta de sensibilización del consumidor en relación con el tema. Hay que ser muy riguroso en la manipulación de los alimentos, desde la compra hasta el consumo, para garantizar la máxima seguridad e higiene.

Los poderes públicos, las industrias agroalimentarias y los consumidores deben colaborar en que la seguridad alimentaria pase de ser una exigencia legal a una exigencia real obtenida por la responsabilidad de todos.

En primer lugar, diferenciaremos los siguientes términos:

- **Enfermedad transmitida por los alimentos.** Es una expresión aplicada todos los tipos de enfermedades causadas por cualquier organismo, sustancia o material presente en los alimentos y que entra en el cuerpo humano cuando se ingieren estos.
- **Infección alimentaria.** Es una enfermedad causada por la ingestión de alimentos o bebidas contaminados por ciertos organismos específicos, como, por ejemplo, las bacterias. Cuando estos organismos llegan al intestino, crecen y se multiplican, apareciendo los síntomas característicos del tipo de infección.
- **Intoxicación alimentaria.** Es una enfermedad causada por la ingestión de alimentos que contienen algún tipo de sustancia venenosa a la que se denomina *toxina*. Esta toxina puede estar producida por ciertos microorganismos o ser un tóxico natural presente en el alimento, un tóxico químico o un tóxico metálico.

A partir de este momento, hablaremos de *toxiinfección alimentaria,* que es el término genérico que se utiliza para la denominación de todos los tipos de enfermedades transmitidas por los alimentos.

Los síntomas se desarrollan durante unos días e incluyen algunos de los siguientes: náuseas, vómitos, dolor abdominal y diarrea. De forma secundaria y no tan generalizada pueden presentarse otros, como dolores musculares, fiebre o escalofríos.

Los síntomas pueden empezar en cualquier momento, desde pocos minutos hasta algunos días después de la ingestión del alimento contaminado. Dependen del tipo y cantidad de bacteria existente en la comida.

3.1. Intoxicaciones alimentarias de origen bacteriano

Ciertas bacterias, en condiciones favorables, crecen y se multiplican en los alimentos, produciendo unas toxinas o venenos responsables de la enfermedad, no siendo las mismas bacterias por sí solas causantes del mal.

A. Intoxicación por estafilococos

El microorganismo responsable de la enfermedad se denomina *staphylococcus aureus,* el cual se encuentra a menudo en la nariz, la garganta, los oídos y la piel de las manos de personas sanas. Está presente en las heridas, arañazos, granos, pelos, etc. Cuando se multiplica en los alimentos, produce una toxina que es la responsable de la enfermedad.

El manipulador transmite el microorganismo cuando estornuda, tose, silba, etc., sobre los alimentos, o cuando tiene heridas o granos y no los cubre con vendajes limpios. También se transmite por pañuelos, ropas y, sobre todo, por las manos.

Los estafilococos crecen muy bien en sustancias ricas en proteínas y previamente cocidas, a menudo en los restos de alimentos. Destacan el jamón cocido y otros productos cárnicos, masas de confitería rellenas de crema, platos de pescados, leche y queso, salsas, alimentos picados…

La mayoría de los alimentos de tipo ácido no favorece el desarrollo de estafilococos. En cambio, las salmueras y las soluciones de azúcar concentradas, que anulan a otras muchas bacterias, no tienen apenas efecto sobre los estafilococos. De ahí que se hayan encontrado en carnes

curadas, alimento de muy difícil contaminación. El microorganismo se destruye al cocinar, pero la toxina es mucho más resistente y no se destruye con el calor.

1. Enfermedad

- **Periodo de incubación** (tiempo transcurrido desde la ingestión del alimento contaminado hasta la aparición de los síntomas): 2-6 horas.
- **Duración de la enfermedad:** 6-24 horas.
- **Síntomas:** Náuseas, vómitos, dolor abdominal. A menudo, diarrea. En general, no hay fiebre. Se presentan bruscamente.

2. Prevención

- Mantener los alimentos a temperaturas inferiores a 7 ºC o superiores a 70 ºC (=zona de peligro) para reducir la velocidad de multiplicación de las bacterias y la producción de las toxinas.
- Mantener un gran nivel de higiene personal y asegurarse de que todo el personal sigue unas buenas prácticas de higiene.
- Manipular el alimento lo menos posible. Usar pinzas y guantes donde sea posible para reducir el contacto manual con el alimento. Esto es especialmente importante con alimentos que no se van a calentar de nuevo antes de servirse (por ejemplo, ensaladas).
- Nunca usar los dedos para probar los alimentos durante la elaboración y desinfectar siempre el cubierto utilizado inmediatamente después de su uso.
- Calentar los sobrantes a fondo y no solo superficialmente para destruir a los microorganismos.

 Importante

No hay que olvidar que las toxinas son más difíciles de destruir que las propias bacterias, por lo que el objetivo es mantener al alimento fuera de la zona de peligro de incubación con el objetivo de evitar que los estafilococos se multipliquen y formen toxinas.

B. Botulismo

La enfermedad está causada por una toxina producida por la bacteria *clostridium botulinum.* Esta bacteria se encuentra en la tierra y el polvo de prácticamente todos los lugares del mundo. También se han encontrado en el intestino de animales, de donde se deduce el porqué de las infecciones por el consumo de carne y sus derivados.

Esta toxina es muy peligrosa, es una de las más potentes que existe. El índice de mortalidad de la enfermedad es muy elevado.

La bacteria crece mejor en ausencia de oxígeno y se encuentra habitualmente en botes de conserva, en el fondo de estofados o en el centro de grandes masas de alimentos, especialmente de carne, sobre todo de aves.

Puede formar esporas. Una espora es como una bacteria protegida con una dura cubierta que le permite resistir condiciones extremas de temperatura. Cuando la temperatura vuelve a ser óptima para vivir (zona de peligro), esta cubierta protectora se disuelve y la multiplicación y el crecimiento comienzan de nuevo. Las esporas que se encuentran en el suelo, en la tierra que ensucia los alimentos vegetales, los sacos, etc. pueden contaminar los alimentos si se le permite que alcancen las áreas de manipulación de alimentos (por ejemplo, a través de la indumentaria del manipulador).

Ejemplo de lata de conserva

Cuando se preparan conservas, si existen esporas en el alimento fresco y no se destruyen durante el tratamiento térmico que toda conserva requiere, pueden desarrollarse y dar lugar a bacterias que se multiplican y producen toxinas. Esta multiplicación es más rápida en alimentos poco ácidos, como espárragos, acelgas, etc.

Cuando se preparan conservas caseras, el riesgo es mucho mayor que en las de preparación industrial debido a que en estas últimas está muy controlada la obtención de la temperatura ideal para la destrucción del 100% de los microorganismos, aspecto que no se da en los preparados caseros.

1. Enfermedad

- **Periodo de incubación:** De 12 a 36 horas. En algunos casos han pasado de 6 a 14 días antes de que se presente la enfermedad.
- **Síntomas:** La toxina es una neurotoxina, es decir, afecta al sistema nervioso central. Los síntomas comienzan con visión borrosa, dolor de cabeza, cansancio general, debilidad muscular y dificultad para tragar. La respiración se hace irregular, y se produce la muerte generalmente por asfixia.

2. Prevención

- Ebullición durante 15 minutos, acompañada de movimiento de la comida, para destruir la toxina.
- Curar bien la carne.
- Cocinar a presión en las operaciones de envasado.
- Agregar ciertos ácidos convenientes y aprobados, capaces de impedir o retrasar el desarrollo de las bacterias.

C. Intoxicación por *clostridium perfringens*

Por pertenecer al grupo de microorganismos tipo *clostridium* solo crece en ausencia de oxígeno y se caracteriza por formar esporas. Abunda mucho en las secreciones corporales de los individuos infectados, así como en la tierra, el polvo, el agua contaminada y los deshechos de animales.

Las esporas de *clostridium perfringens* no se destruyen con el cocinado y resisten más de cinco horas de hervido. Después de la preparación culinaria estas esporas germinan rápidamente, convirtiéndose en bacterias que se multiplican fácilmente con temperaturas inferiores a 50 ºC; por debajo de 15 ºC apenas se produce su crecimiento.

Los alimentos más afectados son las carnes, salsas, aves y rellenos de estas cuando no han sido cocinadas y se han enfriado lentamente.

1. Enfermedad

- **Periodo de incubación:** 8-22 horas.
- **Duración de la enfermedad:** 12-48 horas.
- **Síntomas:** Dolor abdominal y diarrea (vómito raramente).

2. Prevención

- Cocción a fondo de los alimentos (especialmente las carnes).
- Enfriar rápidamente los alimentos cocinados y refrigerarlos inmediatamente. Es aconsejable dividir las masas grandes en porciones más pequeñas para facilitar el enfriamiento rápido.
- Intentar no recalentar los alimentos, pero si se hace, asegurarse que alcanza 100 ºC tan rápidamente como sea posible y servirlos inmediatamente. Nunca recalentar alimentos más de una vez, especialmente carnes. El mejor método para recalentar alimentos es el microondas, y el segundo la freidora.
- Tener siempre separadas las áreas de preparación de los alimentos crudos de las de los alimentos cocinados, especialmente carnes y verduras, para evitar la contaminación cruzada.
- Utilizar refrigeradores diferentes para almacenar productos crudos y cocinados.
- Limpiar y desinfectar los equipos tras su uso y antes de comenzar otra tarea.
- Lavarse las manos después de la manipulación de carnes y verduras no lavadas.

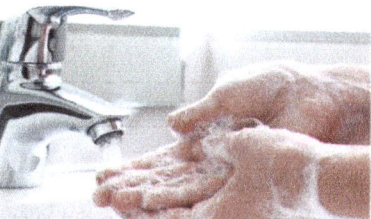

Hay que lavarse las manos después de manipular alimentos

D. Intoxicación por *bacillus cereus*

El microorganismo responsable de la enfermedad se denomina *bacillus cereus*. Estas bacterias también pueden formar esporas, las cuales son termorresistente, sobreviviendo por tanto a las temperaturas de tratamientos culinarios habituales.

Las esporas se encuentran en el aire y también en el agua. Debido a la presencia de esporas en el medio ambiente, cualquier alimento puede ser contaminado por este microorganismo. Esta contaminación se verá favorecida, si no se mantiene la limpieza de utensilios e instalaciones, por contaminaciones cruzadas entre alimentos crudos y cocinados y si no se enfrían rápidamente los alimentos tras su cocinado.

1. Enfermedad

Durante su multiplicación en el alimento puede producir dos tipos de toxinas (emética y diarreica) las cuales producen las dos formas de presentación de la enfermedad. Ambas enfermedades se presentan rápidamente tras la ingestión del alimento contaminado y los síntomas duran poco tiempo.

- La **toxina diarreica** produce una enfermedad cuyos síntomas más característicos son dolor abdominal y diarrea. Se encuentra principalmente en productos cárnicos y salsas.
- La **toxina emética** produce una enfermedad cuyos síntomas característicos son náuseas y vómitos. Los alimentos donde más frecuentemente se puede encontrar son arroz, pasta y patatas.

2. Prevención

- Realización de un correcto calentamiento de los alimentos.
- Refrigeración rápida del alimento tras su cocinado.
- Adecuada limpieza y desinfección de los utensilios tras su empleo.
- Evitar contaminaciones cruzadas entre alimentos crudos y cocinados.

3.2. Intoxicaciones alimentarias por tóxicos naturales

A. Intoxicaciones con pescado

Se conocen especies como el pargo colorado (pez comestible del golfo de México), el pez globo, la anguila y la morera, que contiene algún tipo de toxina. Muchos de estos peces son solo venenosos en ciertas épocas del año, procediendo los venenos de sus propias dietas.

Los síntomas de la enfermedad pueden presentarse en menos de una hora o a las pocas horas de haber comido y consisten en náuseas, vómitos y dolores abdominales junto con coloración azulada en labios, lengua y encías, pérdida del sentido del gusto y, en los casos mortales, parálisis respiratoria.

El único método de control es evitar la utilización de alguna de esas especies.

Hay que evitar el consumo de algunas especies

B. Intoxicaciones por mariscos

La intoxicación se produce tras el consumo de mariscos contaminados como **ostras, almejas y mejillones**, entre otros.

La principal causa de contaminación en el marisco se debe a la presencia de toxinas, producidas por algas presentes en el plancton y cuya presencia se denomina marea roja por su coloración generalmente rojiza.

Estas algas constituyen la principal fuente de alimento de los moluscos bivalvos, de ahí que al alimentarse estos de plancton contaminado, la toxina pasa a ellos. Dicha toxina del plancton es una de las más fuertes que se conocen.

Las algas presentes en el plancton son consumidas por los moluscos

Algunos síntomas de la intoxicación por mariscos son entumecimiento de los labios, pérdida de la fuerza muscular del cuello y las piernas, somnolencia y parálisis respiratoria.

C. Intoxicaciones por plantas venenosas y setas

Es improbable en los centros alimentarios bien controlados una intoxicación por estas causas, pero siempre es importante estar informado antes de proceder a preparar un plato con un producto desconocido, consumiendo solo productos comerciales si no se es un experto.

No solo hay que tener en cuenta el veneno de ciertas plantas y setas, también hay que tener en cuenta la toxicidad de algunos hongos que atacan a determinados vegetales y que pasan al organismo cuando se consumen estas (por ejemplo, el cornezuelo del centeno; en este caso, el hongo *claviceps purpurea* contiene unas sustancias llamadas alcaloides que son tóxicas. La ingestión accidental puede producir alteraciones físicas y psíquicas, e incluso puede provocar la muerte).

Un ejemplo típico de planta que causa intoxicación por su consumo continuado, y que se daba en España con relativa asiduidad en épocas de hambre, es la almorta (*lathyrus*), muy utilizada para hacer gachas, típicas de Castilla. La enfermedad que produce se llama *latirismo* y produce un síndrome nervioso medular con dolores en extremidades, temblor y fiebre; no tiene tratamiento. Otra planta tóxica es la cicuta acuática, que crece en lugares húmedos; sus raíces pueden confundirse con perejil silvestre, y la planta en sí con el rábano.

La intoxicación por setas casi siempre se debe a confusión con especies venenosas como las del género amanita. Dependiendo del tipo de amanita, el periodo de incubación varía, presentándose en general vómitos, náuseas, diarrea, cefalea, vértigos y, dependiendo del tipo de seta, se puede producir la muerte.

3.3. Infecciones alimentarias

A. Infecciones bacterianas

1. Salmonelosis

Las *salmonella*s causan aproximadamente el 70% de los casos registrados de intoxicación alimentaria, con unos 20-40 casos que acaban con muerte del paciente todos los años (por deshidratación), generalmente bebés y ancianos o enfermos (porque tienen disminuidas las defensas).

Las *salmonella*s se encuentran en todo el mundo e infectan a humanos y animales. Son comunes en el intestino de animales domésticos, ganado (principalmente aves) y humanos (portadores), en la superficie de los huevos y en la piel y patas de roedores e insectos.

Importante

Los manipuladores que no se laven las manos después de ir al baño o después de tocar aves crudas (especialmente limpiadas en el mismo lugar), carne cruda y huevos crudos pueden contaminar cualquier otra comida o utensilio que toquen con *salmonella*.

Las *salmonella*s pueden llegar al área de manipulación de alimentos, en la superficie de alimentos crudos como la carne, la carne de pollo y embutidos, y en la cáscara de los huevos. Se encuentra en pollos, sobre todo en su cara interna, etc. Si el alimento no es cocinado y se conserva inadecuadamente, las bacterias presentes comenzarán a multiplicarse posibilitando fácilmente la aparición de un brote de toxiinfección alimentaria. Las bacterias pueden diseminarse desde alimentos crudos a cocinados (por manos, corrientes de aire, cuchillos, etc.).

Los huevos son una causa común de salmonella

Recuerda

Ha de tenerse mucho cuidado con la carne de ave porque aproximadamente el 80% viene contaminada por *salmonella*.

Ratones, ratas, cucarachas y otros insectos pueden contaminar los alimentos arrastrando suciedades sobre ellos y sobre los utensilios de cocina, o por deposiciones intestinales que llegan a los alimentos o los recipientes que los contienen.

Las *salmonella*s se destruyen fácilmente por el calor, y la mayoría de los casos de toxiinfección alimentaria son producidos por un cocinado insuficiente de los alimentos o por contaminación cruzada de estos tras haber sido cocinados.

A la enfermedad producida por *salmonella* se le llama *salmonelosis.*

- **Periodo de incubación:** 6-72 horas (1-3 días).
- **Duración enfermedad:** 11-18 días.
- **Síntomas:** Diarrea, dolor de cabeza, fiebre y dolor abdominal.

Para prevenir la enfermedad hay que seguir las siguientes recomendaciones:

- Asegurarse de que el centro del alimento ha alcanzado durante el cocinado una temperatura lo suficientemente alta para destruir todas las bacterias. No ingerir alimentos no tratados.
- La refrigeración correcta impide su multiplicación. Nunca mantener a los alimentos a temperaturas de incubación (zona de peligro: 5-65º C).
- Utilizar refrigeradores diferentes para almacenar productos y crudos y cocinados (especialmente carnes). Si no es posible, conservar la carne en la parte inferior para evitar que la sangre gotee contaminando los demás alimentos. Nunca conservar lácteos con carnes, pescados o carnes de aves crudas.
- Buenos hábitos de aseo manual, sobre todo tras ir al baño (ya que la vía de contaminación de los alimentos a partir del manipulador es fecal-oral) y entre la manipulación de crudos y cocinados.

- Emplear cuchillos y tablas de corte separados para la preparación de alimentos crudos y cocinados para evitar el riesgo de contaminación cruzada a partir de la superficie de los alimentos crudos.
- Limpiar y desinfectar adecuadamente los equipos tras su uso y antes de comenzar otra tarea.
- Proteger a los alimentos de los roedores e insectos.

2. Disentería

Las bacterias que causan esta enfermedad se encuentran en las secreciones intestinales de las personas infectadas. Se transmite a través de los alimentos o aguas contaminados mediante insectos y, a veces, por portadores humanos.

Las medidas de control incluyen las habituales reglas de cocción a fondo, buena refrigeración, métodos higiénicos de preparación de alimentos, uso de leche y sus derivados pasteurizados, limpieza general de las condiciones de trabajo, protección del agua y tratamiento de las basuras.

3. Fiebre tifoidea

También está producida por especies del género *salmonella* y es la infección más grave de las producidas por estas bacterias.

Después de un periodo de incubación largo (de 7 a 21 días), la enfermedad se establece causando una sensación de malestar general y durante la primera semana la fiebre aumenta uniformemente. En la segunda semana aparece un sarpullido y la fiebre alcanza valores altos. Debido a la gravedad de la enfermedad, puede producirse la muerte en esta fase, y en los casos menos graves se produce una mejoría gradual en tercera y cuarta semana.

Las personas enfermas eliminan gran cantidad de bacteria por las heces, por lo que existe el problema de los portadores, tanto los que se recuperan de la enfermedad como los asintomáticos.

Los alimentos más corrientemente implicados eran la leche y los helados, pero gracias a las normas de tratamiento térmico se ha eliminado esta fuente de infección. Otros alimentos asociados a esta enfermedad han sido los mariscos, especialmente las ostras, contaminadas por el agua en donde se desarrollaron.

4. Infección por estreptocos

Los estreptococos pueden encontrarse en los intestinos de seres humanos y animales, en las secreciones de nariz y garganta y en las heridas, por lo que la contaminación de alimentos resulta sencilla.

Los pavos, pollos, huevos, la leche y las salsas son alimentos frecuentemente contaminados por estreptococos, apareciendo los síntomas de la enfermedad entre 12 y 18 horas después de la ingestión de los alimentos contaminados.

Las medidas de control incluyen una rápida y adecuada refrigeración, cocción a fondo, buen lavado de manos y demás hábitos de higiene personal necesarios, pasteurización de la leche y sus derivados y estricto cumplimiento de las reglas higiénicas.

5. Brucelosis

Enfermedad conocida también como *fiebre de Malta* y *fiebre ondulante*. La enfermedad se presenta gradualmente con aumento de la temperatura (fiebre), debilidad general, dolores y escalofríos. La fiebre varía en intensidad durante varias semanas y aun meses, de aquí que se la haya denominado *fiebre ondulante*. La duración

media de la enfermedad es de dos a tres meses, pero en muchos casos la debilidad derivada de la enfermedad puede durar un año o más.

Está producida por bacterias del género *brucella,* las cuales predominan en el ganado vacuno, porcino, caprino y lanar, aunque también pueden infectarse otros animales, como équidos, conejos, gallinas, perros y gatos.

Estas especies sirven de reservorio de la infección y la brucelosis humana casi siempre se debe al contacto con los animales enfermos o a la ingestión de sus productos (leche, carne, etc.). Generalmente, surge después del consumo de leche cruda de vacas o cabras enfermas, o del queso (principalmente fresco) elaborado con esta leche.

6. Listeriosis

La listeriosis es una infección debida a la bacteria *Listeria monocytogenes.* Esta bacteria es uno de los patógenos causantes de infecciones alimentarias más violentos, con una tasa de mortalidad de entre un 20 y un 30% más alta que casi todas las restantes toxiinfecciones alimentarias.

La *Listeria monocytogenes* se encuentra en el intestino de personas y animales que actúan como portadores, pero también en ambientes naturales como pueden ser el suelo o el agua. En la industria alimentaria esta bacteria también se encuentra localizada en suelo, paredes, techos y equipos de procesado de alimentos.

Puede transmitirse a las personas a través de la ingestión de alimentos contaminados con ella en cualquier fase en la **cadena alimentaria,** durante la producción, el procesamiento, la distribución y la preparación para el posterior consumo.

Los principales síntomas de la listeriosis son:

- Fiebre.
- Dolores de cabeza.
- Dolores musculares.
- Vómitos o diarrea.

- Rigidez de cuello.
- Confusión.
- Debilidad.

La listeria es especialmente peligrosa en **embarazadas, fetos, neonatos y niños** pudiendo ocasionar abortos o secuelas para toda la vida en los niños e incluso ser mortal. También en **ancianos o adultos con el sistema inmunológico debilitado** puede llegar a ser peligrosa.

- Alimentos que pueden contener la listeria:

  o Productos cárnicos: patés, salchichas cocidas…
  o Leche y productos lácteos no pasteurizados (crudos).
  o Queso blando de leche cruda no pasteurizada, como el queso fresco, Feta, Brie o Camembert.
  o Helados elaborados con leche cruda.
  o Pescados ahumados.
  o Frutas y verduras frescas: Principalmente brotes, lechugas, rábanos, tomates, cebollas, pepinos, coliflores y setas cultivadas.

- Medidas para evitar la enfermedad:

  o Almacenar la leche a menos de 4 ºC, para evitar el desarrollo microbiano.
  o Durante el procesado de los alimentos se debe evitar la contaminación cruzada, evitando que contacten los alimentos ya cocinados con los crudos.
  o El trabajador que tenga síntomas de padecer la enfermedad debe abstenerse de manipular alimentos.
  o Cocinar los alimentos a temperaturas elevadas, a 70 ºC durante 2 minutos.
  o Evitar consumir alimentos crudos.
  o Los vegetales se deben lavar y desinfectar si se van a consumir crudos.
  o Es de suma importancia su control en la industria cárnica, evitando contaminaciones cruzadas de los canales con materias fecales durante el sacrificio de los animales.
  o La bacteria crece con relativa facilidad a temperaturas bajas, por ello es importante que los equipos de refrigeración funcionen dentro de unos rangos de temperatura menores de 4 ºC.

B. Infecciones por parásitos

Un parásito es un organismo que se nutre de otros organismos vivientes.

1. Disentería amebiana

La disentería amebiana está producida por un protozoo y es una enfermedad muy difundida.

Se transmite por alimentos contaminados servidos fríos y húmedos, por moscas, vegetales crudos, etc. Los síntomas pueden tardar en aparecer de cinco días a varios meses, pero en general se presentan a las tres o cuatro semanas.

Las medidas de control son la higiene personal, sobre todo de las manos, cocción completa de los alimentos, protección y tratamiento del agua, eliminación higiénica de residuos y lavado cuidadoso y completo de vegetales crudos.

2. Triquinosis

Esta infección se debe al consumo de carne contaminada (generalmente de cerdo) que no ha sido cocinada lo suficiente para destruir las larvas del parásito *trichinella,* causante de la enfermedad.

Los síntomas son, además de náuseas, vómitos y diarreas, dificultad para respirar y dolores musculares, acompañados de debilidad general.

 Anotación

La carne de cerdo contaminada que se presente "jugosa", en caso de estar contaminada, tendrá muchas posibilidades de iniciar la enfermedad en el consumidor.

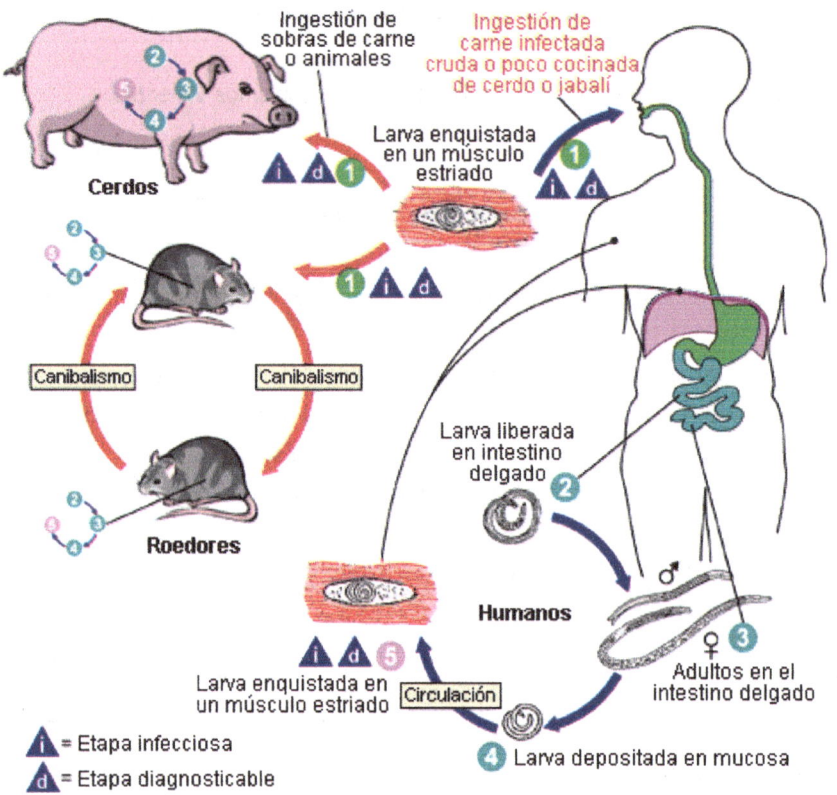

Ciclo de la triquinosis

Aunque muchos animales pueden infectarse con larvas de *trichinella*, la rata es animal de mayor interés para el personal manipulador. Este roedor se encuentra muy a gusto en medios húmedos con abundancia de comida.

La basura es uno de los alimentos habituales de las ratas; al comerla, la contaminan con sus secreciones infectadas, las que a su vez pueden ser ingeridas por los cerdos junto con la basura.

Los cerdos pueden ingerir basura infectada por ratas

Por eso, para combatir esta infección, aparte de la natural higiene de los animales en la granja, deben cocinarse muy bien todos los desperdicios que se den a los cerdos o bien eliminarlos de su dieta.

C. Anisakiosis

Anisakis es un gusano nematodo que coloniza a pescados (merluzas, pescadillas, bacaladillas, bacalao, sardinas, boquerones, calamares, etc.). Es macroscópico, es decir, se puede ver a simple vista (mide entre 3 y 5 cm de largo y entre 1 y 2 mm de diámetro) pero al ser de color blanco, casi transparente, se confunde perfectamente con el resto de los tejidos del pescado, especialmente si es de color blanco.

La infección por *anisakis* se produce de forma accidental, habitualmente si se come pescado o cefalópodos parasitados crudos o sometidos a preparaciones que no matan al parásito.

Los síntomas se presentan de forma repentina y son dolor abdominal intenso en la zona del estómago, acompañado de nauseas e incluso vómitos. Cuando el parásito llega a la mucosa del estómago, se va a adherir a ella y se va a introducir en su interior, por lo que para poder retirarla será necesaria una endoscopia o cirugía digestiva si se encuentra en tramos más alejados del tubo digestivo. Al retirar los parásitos, la sintomatología se suaviza hasta desaparecer.

Anisakiasis

(Anisakis simplex , Pseudoterranova decipiens)

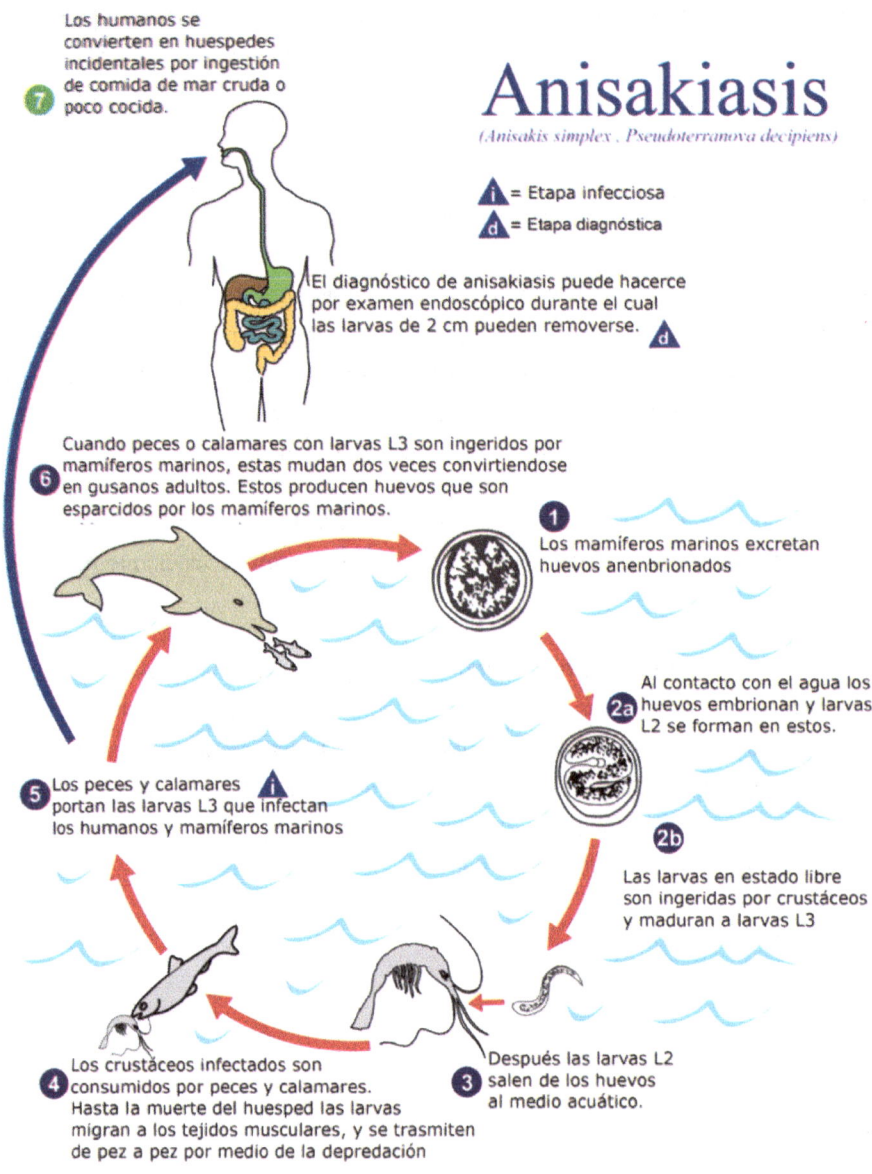

Los humanos se convierten en huespedes incidentales por ingestión de comida de mar cruda o poco cocida. (7)

i = Etapa infecciosa

d = Etapa diagnóstica

El diagnóstico de anisakiasis puede hacerce por examen endoscópico durante el cual las larvas de 2 cm pueden removerse. **d**

Cuando peces o calamares con larvas L3 son ingeridos por mamíferos marinos, estas mudan dos veces convirtiendose en gusanos adultos. Estos producen huevos que son esparcidos por los mamíferos marinos. (6)

(1) Los mamíferos marinos excretan huevos anenbrionados

(2a) Al contacto con el agua los huevos embrionan y larvas L2 se forman en estos.

(2b) Las larvas en estado libre son ingeridas por crustáceos y maduran a larvas L3

(5) Los peces y calamares portan las larvas L3 que infectan los humanos y mamíferos marinos **i**

(4) Los crustáceos infectados son consumidos por peces y calamares. Hasta la muerte del huesped las larvas migran a los tejidos musculares, y se trasmiten de pez a pez por medio de la depredación

(3) Después las larvas L2 salen de los huevos al medio acuático.

Proceso para el contagio de humanos por Anisakiasis

Es importante congelar el pescado durante 5 días para evitar el anisakis

1. Medidas de prevención para evitar la parasitación

- Eviscerar el pescado lo antes posible, así se evita que el parásito migre hacia la carne y se elimina con las vísceras en la mayoría de los casos.
- La cocción, fritura, horneado o plancha son preparaciones que destruyen el parásito, cuando se alcanzan los 60 ºC en el centro del pescado por lo menos durante un minuto.
- Congelando el pescado se descartan todos los riesgos. Si congelamos el pescado por debajo de -20º C durante 5 días, lo habremos destruido por completo, por lo que desaparecerá el riesgo de un problema agudo.
- Si se compra pescado congelado industrialmente, el riesgo está ya totalmente eliminado.
- Los vinagres, marinados o ceviches no son un tratamiento suficiente para eliminar el parásito (cuidado con los boquerones en vinagre, ceviches, sushi...).

Los tratamientos con vinagre y los marinados no son suficientes para acabar con el anisakis

Un producto muy tradicional y apreciado en Andalucía, los **boquerones en vinagre**, es uno de los pescados que parece tener el mayor peligro. El problema está en que se trata de un pescado que se consume fresco. El vinagre es el que asegura que el músculo pase a ser de color blanco. En esta situación, el parásito va a pasar inadvertido, quedando en el interior de la carne o en la superficie de la misma. En algunos casos puede pasar al vinagre y a la salsa que baña todo el producto.

La mayoría de intoxicaciones por Anisakis en España son debida a los boquerones en vinagre

Sin embargo, el pescado en salazón, como las anchoas en salmuera o en aceite, no se manifiesta el problema, ya que el proceso de elaboración en sal y la maduración posterior matan el parásito.

---

2. Venta de los productos

La legislación europea y española OBLIGA a que los productos de la pesca no se pongan a la venta con **parásitos visibles.**

Además, los establecimientos que sirven comida a los consumidores finales o a colectividades o que elaboran estos productos para su venta al consumidor final, deben garantizar que los productos de la pesca para consumir crudos o tras una preparación que sea insuficiente para destruir los parásitos **han sido previamente congelados** en las condiciones establecidas por la legislación.

Según el RD 1420/2006, sobre prevención de la parasitosis por *anisakis* en productos de la pesca suministrados por establecimientos que sirven comida a los consumidores finales o a colectividades, es obligatorio congelar aquellos pescados que vayan a consumirse crudos, casi crudos o en escabeche como el sushi, los boquerones en vinagre, o el pescado marinado. La congelación no es obligatoria para otros pescados que vayan a ser cocinados al horno, a la espalda, a la plancha, a la sal, etc.

La legislación nacional obliga, además, a dichos establecimientos a poner en conocimiento de los consumidores que los productos de la pesca para consumir crudos o tras una preparación que sea insuficiente para matar a los parásitos, han sido sometidos a congelación. Si no dispone de esta información, el consumidor la puede solicitar.

U. A. 1. Enfermedades transmitidas por los alimentos

Resumen

El manipulador de alimentos: toda persona que, por su actividad laboral, entra en contacto directo con los alimentos en cualquiera de las fases de producción, preparación, fabricación, transformación, elaboración, envasado, almacenamiento, transporte, distribución, venta, suministro y servicio de alimentos.

El manipulador de mayor riesgo: los manipuladores de alimentos cuyas prácticas de manipulación pueden ser determinantes en relación con la seguridad y salubridad de los alimentos.

La definición de higiene alimentaria es: la destrucción de todas y cada una de las bacterias perjudiciales del alimento por medio del cocinado u otras prácticas de procesado.

La protección del alimento frente a la contaminación: incluyendo a bacterias perjudiciales, cuerpos extraños y tóxicos.

La prevención de la multiplicación de las bacterias perjudiciales por debajo del umbral en el que producen enfermedad en el consumidor y el control de la alteración prematura del alimento.

Principales intoxicaciones alimentarias de origen bacteriano:

- Intoxicación por estafilococos.
- Botulismo.
- Intoxicación por clostridium perfringens.
- Intoxicación por bacillus cereus.

Principales intoxicaciones alimentarias por tóxicos naturales:

- Intoxicaciones con pescado.
- Intoxicaciones por mariscos.

- Intoxicaciones por plantas venenosas y setas.

Principales infecciones alimentarias:

Infecciones bacterianas:

- Salmonelosis.
- Disentería.
- Fiebre tifoidea.
- Infección por estreptococos.
- Brucelosis.
- Listeriosis.

Infecciones por parásitos:

- Disentería amebiana.
- Triquinosis.
- Anisakiosis.

Glosario

Alimento apto para el consumo

Alimento que presenta una calidad satisfactoria, conservando sus características organolépticas propias y su valor nutricional y en el cual los valores de los contaminantes químicos, biológicos o radiactivos se encuentran dentro de los límites permisibles.

Alimento contaminado

Alimento que contiene microorganismos y sus toxinas, contaminantes químicos o radiactivos en cantidades por encima de los valores permisibles.

Alteración

Cambio en las características, en la esencia o en la forma de una cosa; perturbación o trastorno del estado normal de una cosa.

Control de alimentos

Actividad de regulación obligatoria de los materiales nacionales o locales para proteger al consumidor y garantizar que todos los alimentos, durante su producción, manipulación, almacenamiento, elaboración y distribución sean inocuos, sanos y aptos para el consumo humano, se ajusten a las prescripciones de calidad y seguridad y estén descritos con honradez y precisión en sus etiquetas, con arreglo a lo dispuesto en la ley.

Curado

Proceso que consiste en la adición de sal común y nitrito de sodio a algunos alimentos, en presencia o no de condimentos y aditivos alimentarios. Puede realizarse en seco, por frotación, por adición directa a la masa del producto y por inmersión (o inyección) en salmuera.

Retención de productos alimenticios

Es la medida sanitaria de carácter administrativo que impide que un alimento sea utilizado para el consumo humano hasta tanto las autoridades sanitarias dispongan de los resultados de los análisis especializados ordenados por el inspector para dictaminar sobre su inocuidad.

Salubridad

Característica de aquello que no es perjudicial para la salud. También se puede emplear el término salubridad para referirse al estado general de la salud pública en un lugar determinado.

Ejercicios de autoevaluación

1. ¿Cuál es la duración de la intoxicación por estafilococos?

 a. 6-24 horas.

 b. 12-36 horas.

 c. 12-48 horas.

2. ¿Cuál de los siguientes alimentos son una causa común de salmonella?

 a. Huevos.

 b. Legumbres.

 c. Frutas.

3. ¿Cómo se conoce también la brucelosis?

 a. Fiebre de Malta y fiebre ondulante.

 b. Fiebre amarilla.

 c. Listeriosis.

4. ¿Cuál de las siguientes infecciones es la más violenta, con una tasa de mortalidad más alta, entre un 20% y un 30%?

 a. Salmonelosis.

 b. Disentería.

 c. Listeriosis.

5. ¿Cuánto mide el gusano anisakis?

 a. Entre 3 y 5 cm de largo.

 b. Entre 5 y 8 cm de largo.

 c. Suele medir menos de 1 cm y no se puede ver a simple vista.

6. ¿Qué tipo de microorganismo es el responsable de la salmonelosis?

    a. Un virus.

    b. Una bacteria.

    c. Un hongo.

7. ¿Qué se puede conseguir calentando suficientemente un alimento contaminado?

    a. Reducir o eliminar microorganismos.

    b. Hacer que los microorganismos se reproduzcan.

    c. Garantizar que no haya toxinas nunca.

8. ¿Cuál de estos es un cereal?

    a. Maíz.

    b. Zanahoria.

    c. Garbanzo.

9. ¿Qué condición favorece que los microorganismos se reproduzcan más rápido?

    a. Temperaturas templadas.

    b. Temperaturas por debajo de cero.

    c. Temperaturas cercanas a 100ºC.

10. ¿Qué se considera una fruta oleaginosa?

    a. Patata.

    b. Almendra.

    c. Arroz.

U. A. 2. Alteración y contaminación de alimentos

Introducción

En esta unidad se profundizará en los conceptos de alteración y contaminación de los alimentos, analizando las distintas causas que pueden provocar la pérdida de calidad y seguridad alimentaria. Se estudiarán los tipos de contaminantes, tanto bióticos (microorganismos) como abióticos (sustancias químicas, metales pesados o contaminantes ambientales), así como las diferentes fuentes que pueden introducir dichos contaminantes en el alimento en cualquier etapa de la cadena alimentaria.

Además, se abordarán los factores que favorecen el crecimiento de microorganismos y que aceleran el deterioro de los productos alimenticios, tales como la temperatura, la humedad, la acidez, el tiempo de exposición, la presencia de oxígeno y la composición propia del alimento. Entender cómo influyen estos factores permite conocer mejor qué condiciones son críticas y cuáles son las más adecuadas para mantener la inocuidad y prolongar la vida útil de los alimentos.

Finalmente, se presentarán los métodos principales de conservación que se utilizan en la industria y en la manipulación cotidiana para prevenir la alteración, reducir o eliminar la carga microbiana y asegurar productos más seguros. Se analizarán técnicas basadas en frío, calor, deshidratación, tipos de envasado o incluso radiaciones, con el objetivo de comprender su fundamento y su aplicación práctica. Esta unidad permitirá al alumnado relacionar teoría y práctica, y sentar las bases para desarrollar una manipulación responsable y segura.

Objetivos

- Identificar los distintos tipos de alteración y contaminación de los alimentos, comprendiendo los factores que favorecen el crecimiento microbiano y las medidas de conservación adecuadas para garantizar su inocuidad.
- Clasificar los principales contaminantes biológicos, químicos y físicos presentes en los alimentos y reconocer sus consecuencias para la salud del consumidor.
- Analizar las condiciones ambientales y características del alimento que favorecen el desarrollo microbiano, para reconocer situaciones de riesgo en la conservación y manipulación.
- Seleccionar el método de conservación más adecuado para cada tipo de alimento, según sus propiedades y las condiciones de almacenamiento necesarias para mantener su seguridad.

1. Alteración de alimentos

El deterioro o alteración de los alimentos comprende todo cambio que los convierte en inadecuados para el consumo. Puede deberse a múltiples causas:

- **Ataque de insectos o roedores.**
- **Lesiones físicas** por golpes, presiones, deshidratación, etc.
- **Actividad de las enzimas,** tanto vegetales como animales. Las enzimas son proteínas que se encuentran en el propio alimento y que son responsables de la decoloración, la aparición de malos sabores y olores y la pérdida del valor nutritivo del alimento. En los vegetales, una de las técnicas que se utilizan para inactivar y detener completamente la acción de las enzimas es el escaldado, que consiste en la inmersión rápida del alimento a elevadas temperaturas. La congelación solo hace que baje su actividad hasta que su acción es apenas apreciable. Al descongelar, las enzimas reanudan su actividad rápidamente.
- **Enranciamiento de las grasas.** Produce importantes cambios en las características organolépticas (color, olor y sabor) y también repercusiones nutricionales.
- **Ataque de microorganismos:** Bacterias y hongos principalmente.

2. Contaminación de alimentos. Concepto y tipos de contaminantes

Vocabulario

- **Contaminación:** es la presencia de cualquier material extraño en un alimento, ya sean bacterias, metales, tóxicos o cualquier otra cosa que haga al alimento inadecuado para ser consumido por las personas.
- **Contaminación cruzada:** es el proceso por el que las bacterias de un área son trasladadas, generalmente por un manipulador alimentario, a otra área limpia, de manera que infecta alimentos o superficies.

Durante todas las etapas de la elaboración de un alimento, este se encuentra expuesto a procesos de contaminación de diferente tipo. Cualquier alimento puede contaminarse con sustancias tóxicas o con microorganismos patógenos durante su producción, procesado, envasado, transporte, almacenamiento y distribución. Estos contaminantes pueden ser causa de enfermedades e incluso de muerte en casos graves. Por este motivo, es de vital importancia conocer tanto el origen de la contaminación como la manera de evitarla o minimizarla.

 **Importante**

Los casos más peligrosos de contaminación cruzada se dan cuando un manipulador alimentario pasa de manipular alimentos crudos a manipular alimentos ya cocinados sin lavarse las manos entre ambas fases.

Se distinguen dos **tipos de contaminación (o contaminantes)**:

- **Contaminación biótica:** Provocada por un organismo vivo o por sustancias que este produce (plantas, bacterias, virus, hongos, parásitos, etc.). Este tipo de contaminación se divide en tres:

  - Parasitaria. Infecciones provocadas por insectos, como puede ser el escarabajo de patas rojas del jamón.
  - Enzimática. La enzima actúa sobre el alimento. Se da cuando un pescado deja de estar terso y se convierte en blando.
  - Microbiológica. Es la más frecuente y peligrosa. Se desarrolla, en mayor o menor medida, dependiendo del alimento en cuestión. Un ejemplo sería el moho ("pelillo blanco") o que le salen a algunos frutos.

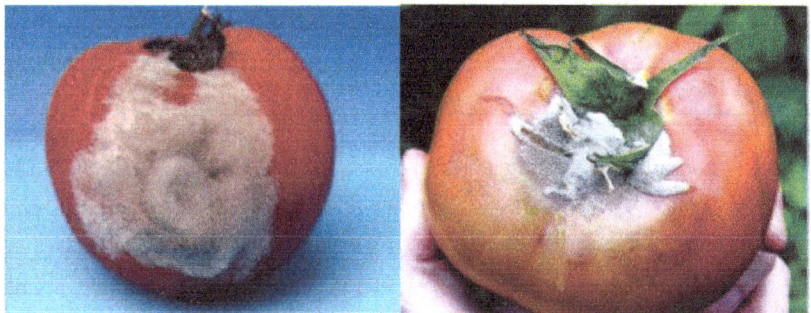

Enmohecimiento de tomates, como ejemplo de contaminación microbiológica

En el subapartado siguiente haremos un especial hincapié en las bacterias por ser el grupo de microorganismos más importantes dentro de las toxiinfecciones alimentarias.

- **Contaminación abiótica:** Provocada por sustancias o elementos inertes. Pueden ser de dos tipos:

  o Contaminantes físicos: piedras, cristales, plásticos, pelos, etc.
  o Contaminantes químicos: productos de limpieza, insecticidas, metales pesados rodenticidas, pesticidas, residuos de drogas o antibióticos, etc.

Los insecticidas son contaminantes químicos

2.1. Contaminación biótica

A. Bacterias

- Las bacterias son organismos microscópicos (no se ven a simple vista) de una sola célula y forma variable. Miden micras, que son la milésima parte de un milímetro.
- Se encuentran en todas partes, en el agua, en el aire, en el suelo, sobre y dentro de las personas y los animales.
- Existen muchos tipos diferentes de bacterias. Podemos encontrar bacterias:
  - **Beneficiosas:** Intervienen en la producción de cerveza, vino, quesos, yogur, transforma la materia vegetal en abono e incluso dentro de la medicina también se utilizan para la producción de antibióticos.
  - **Perjudiciales:** Podemos distinguir dos grupos:
    - Alterantes: Producen la alteración de los alimentos (la leche se corta, la carne se pudre, etc.).
    - Patógenas: Producen enfermedades.
- La mayoría de las bacterias mueren en condiciones ambientales que no le son óptimas, pero existe un grupo que es capaz de crear una forma de resistencia llamada *espora*, que es una cubierta protectora que crea la bacteria a su alrededor y, de este modo, puede soportar condiciones muy desfavorables (incluso temperaturas superiores a 100 ºC) y cuando las condiciones son favorables de nuevo, reinician su actividad con normalidad.
- Algunas bacterias son capaces, durante su crecimiento, de crear sustancias venenosas llamadas *toxinas*, algunas de las cuales resisten temperaturas muy elevadas (termorresistentes).
- Es imposible decir por inspección visual si un alimento está contaminado (ya que las bacterias no se pueden a simple vista). La mayoría de las bacterias causantes de toxiinfecciones alimentarias generalmente no alteran el aspecto, olor y sabor de los alimentos. Las bacterias responsables del deterioro o alteración de los alimentos, por lo general, no causan toxiinfecciones.
- Las bacterias se multiplican por un procedimiento denominado *fisión binaria* (simple división en dos), de modo que si las condiciones ambientales y de temperatura son favorables, esta división ocurre cada 20 ó 30 minutos.

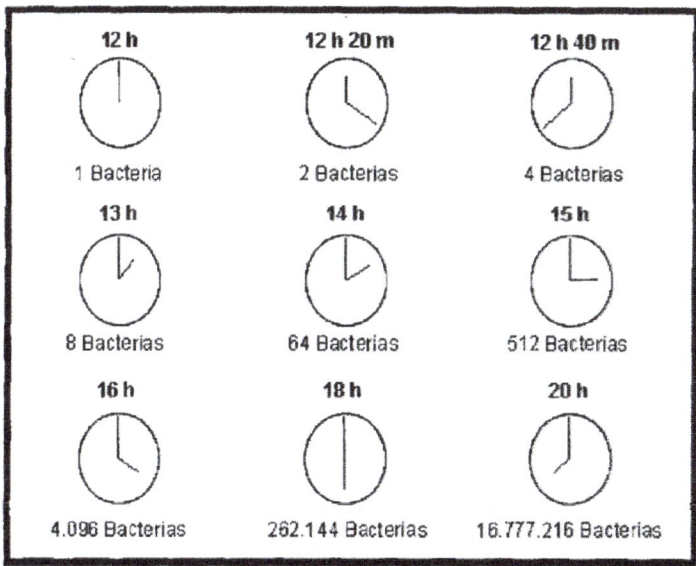

Multiplicación de las bacterias

- La mayoría de las bacterias necesitan aire para vivir activamente, pero algunas solo se pueden multiplicar en ausencia de oxígeno. Un ejemplo de estas es el género *clostridium,* que crece en el fondo de recipientes llenos de caldo, carne, etc. y en alimentos enlatados.
- Las bacterias patógenas para el ser humano tienen su temperatura ideal de crecimiento en 37 ºC, aunque la mayoría pueden multiplicarse entre 5º y 65 ºC. A este intervalo de temperatura se le llama **zona de peligro**.
- El frío no mata las bacterias. A temperaturas inferiores a 5 ºC en general no mueren, pero se desarrollan muy lentamente, por ello los alimentos deben conservarse a baja temperatura.
- A temperaturas superiores a 100 ºC la mayoría de las bacterias mueren.

 Anotación

Solo una porción muy pequeña de la población bacteriana total es peligrosa por causar enfermedades al ser humano y a los animales

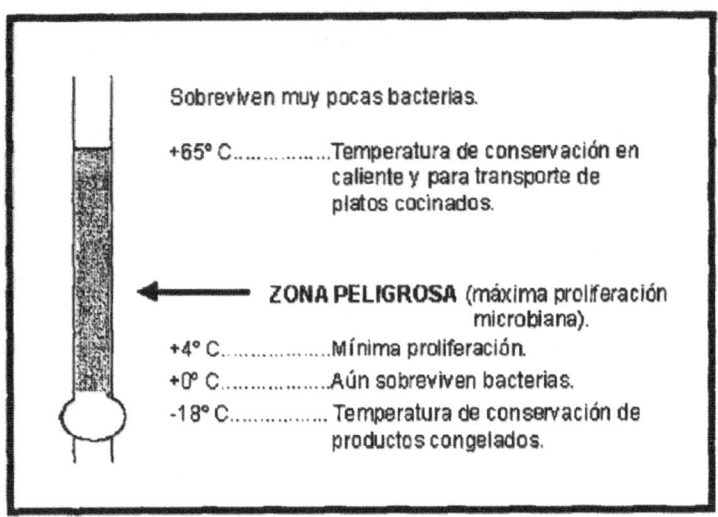

Temperatura de crecimiento bacteriano

B. Hongos

Los hongos se clasifican en mohos y levaduras.

1. Mohos

Son causantes del enmohecimiento que se puede apreciar en diversas ocasiones sobre los alimentos. Se comprueba muy a menudo la existencia de una capa de pelusa blanca sobre una lata de tomate. También son responsables de la aparición de ese tapiz verde/azulado en el pan de molde ya caducado o de la apariencia fofa con presencia de motas de diferentes colores sobre las frutas con mucho tiempo de conservación. Estas marañas algodonosas son hongos microscópicos denominados *mohos*.

Estos invasores no son siempre inocuos. Las esporas de los mohos, que flotan por millones en el ambiente (en una casa puede haber hasta 75.000 esporas por metro cúbico de aire) constituyen una fuente importante de reacciones alérgicas: rinitis, conjuntivitis y asma.

Pese al ambiente frío, por ejemplo, el frigorífico, las esporas de los mohos hallan en la oscuridad y los alimentos almacenados durante largos periodos de tiempo el medio idóneo para proliferar.

HONGOS MÁS COMUNES Y SU DETECCIÓN VISUAL		
Hongo	**Alimento que ataca**	**Apariencia**
Penicilium digitatum	Cítricos: naranjas y limones	Cubierta de color gris
Aspergillus flavus	Pan	Capa verde-azulada
Fusarium	Tomates húmedos	---
Fusarium roqueforti	Quesos	Vetas azules

2. Levaduras

Normalmente son utilizadas para provocar transformaciones de un alimento en otro (por ejemplo, fermentación para transformar el mosto en vino).

La acción de las levaduras produce dióxido de carbono (gas), por lo cual todo el alimento sobre el que actúan aumenta de volumen (por ejemplo, fermentación del pan).

Estos microorganismos no suelen ser importantes en las intoxicaciones alimentarias.

C. Virus

Se conocen virus capaces de provocar enfermedades de transmisión alimentaria (hepatitis A, gastroenteritis, poliomielitis, etc.); se les denomina *enterovirus*.

Los virus, a diferencia de los demás microorganismos, no se multiplican en los alimentos, solo los usan como medio de transporte para alcanzar a su víctima.
Los virus pueden llegar al alimento mediante dos mecanismos:

- **De forma directa:** toses, estornudos, mala manipulación de alimentos, etc.
- **De forma indirecta:** a partir de las heces de personas enfermas que, sin la necesaria higiene, pueden acabar contaminado a los alimentos.

Los virus pueden ser eliminados mediante la cocción.

D. Parásitos

Las enfermedades alimentarias principales causadas por parásitos han sido ya nombradas en la unidad anterior.

Recordamos los nombres: *disentería amebiana, triquinosis* y *anisakiosis.*

2.2. Contaminación abiótica

A. Contaminantes químicos

Los contaminantes químicos llegan al alimento o a la materia prima de forma casual, suponiendo un riesgo para el alimento. Proceden de residuos de pesticidas, de productos de limpieza, de productos de metabolismo celular y tóxicos naturales y de aditivos químicos utilizados en el proceso de elaboración del alimento.

Hay que tener presente que el simple hecho de que no se haya limpiado bien una mesa o una tabla, puede dar lugar a este tipo de contaminación.

1. Tóxicos naturales

Son constituyentes naturales de los alimentos y nunca producidos por gérmenes.

Nos podemos encontrar algunas plantas que son venenosas para el ser humano, pero la mayoría no se consumen. Podemos destacar:

- Ciertos tipos de setas: *amanita phaloides* (puede ser mortal) y *amanita muscaria* (puede ser grave).
- Algunos cereales o frutos secos que contengan algún hongo contaminante.

- Algunas leguminosas pueden tener componentes tóxicos y producir una enfermedad llamada *flavismo*.
- Sustancias tóxicas presentes en mariscos que pueden producir diversas diarreas.

2. Tóxicos artificiales

Dentro de este grupo se incluyen:

- Pesticidas, fungicidas, insecticidas, fertilizantes, detergentes y desinfectantes.
- Residuos de drogas y antibióticos o suplementos dados a animales; pesticidas utilizados en plantas que pueden acabar como residuos en los animales; sustancias presentes en el agua de bebida de los animales.
- Contaminantes por vertidos industriales en las aguas de productos químicos altamente tóxicos: metales pesados (mercurio, plomo, etc.).

B. Contaminantes físicos

Un contaminante físico es cualquier material que de forma natural no se encuentra en el alimento y que puede causar enfermedad o daño al individuo que lo consume. Los riesgos físicos son partículas que no han sido correctamente retiradas del alimento (como restos de huesos) o que llegan a ellos durante el procesado (insectos, suciedad, tierra, pequeños trozos de metal, vidrio o madera procedente de las superficies o equipos, pelos, etc.).

La contaminación física puede darse cuando se realizan trabajos de mantenimiento en las áreas donde se están manipulando alimentos.

3. Fuentes de contaminación bacteriana

Las bacterias pueden llegar al alimento a través de:

- **El ser humano.** El ser humano es portador de bacterias alterantes y patógenas en la boca, nariz, intestino y piel.

- **Alimentos crudos.** Todos los alimentos crudos son vehículos de contaminación, especialmente las carnes rojas, las carnes de aves, los mariscos y la leche fresca. Se estima que el 80% de los pollos portan *salmonella*. La tierra contiene bacterias nocivas y ha de tenerse gran cuidado en el almacenamiento, manipulación y lavado de las hortalizas crudas para evitar la contaminación procedente del suelo.

Representación de las bacterias que se pueden encontrar sobre los alimentos crudos

- **Insectos y roedores.** Muchos insectos, especialmente las moscas, tienen cuerpos que recogen y diseminan las bacterias nocivas. Las moscas se asientan sobre las heces e ingieren grandes cantidades de bacterias que transportan a los alimentos, contaminándolos. Los roedores transportan microorganismos, como la *salmonella*, contaminando los alimentos por sus heces, su orina, su pelo o royendo los envases.

- **Animales domésticos y pájaros.** El pelo y las plumas de los pájaros y animales domésticos y salvajes contienen un gran número de bacterias perjudiciales.

Incluso los animales de compañía más limpios hospedan grandes cantidades de bacterias peligrosas.

- **Polvo.** Siempre hay partículas de polvo en la atmósfera que transportan grandes cantidades de microorganismos perjudiciales. Todos los alimentos deben cubrirse bien para evitar que el polvo se asiente sobre ellos y los contamine.

- **Desperdicios y basuras.** Los manipuladores deben lavarse las manos después de manipular desperdicios y basuras. Deben evitar contaminar su indumentaria de protección para no transportar bacterias a la zona de manipulación.

- El **agua** que se usa para lavar los alimentos, si estaba previamente contaminada.

- Los **utensilios o equipo de manipulación** contaminados.

4. Factores que contribuyen al crecimiento bacteriano

Las bacterias, como el resto de formas vivas, tienen una serie de necesidades para crecer y multiplicarse. Estas necesidades son: **temperatura, humedad, alimento y tiempo.**

También influyen en su multiplicación: **acidez, condiciones de oxígeno** y **presencia de sustancias antimicrobianas.**

4.1. Temperatura

Las bacterias responsables de toxiinfecciones alimentarias tienen una temperatura óptima de crecimiento de unos 37 ºC, que es la temperatura normal del cuerpo humano, aunque la mayoría puede crecer entre 50 y 65 ºC con una velocidad considerable. Fuera de este rango su velocidad reproductora se ve muy disminuida.

A partir de 100 ºC las bacterias comienzan a morir. También el calor puede destruir toxinas producidas por los gérmenes. A temperaturas inferiores a 0 ºC, en general, no mueren, pero dejan de multiplicarse.

Debido a esto, para controlar la velocidad de multiplicación de las bacterias, hay que controlar la temperatura de conservación y cocinado de los alimentos.

Anotación

La temperatura a la que se debe mantener un alimento para controlar y prevenir el crecimiento microbiano es de menos de 5 ºC y de más de 65 ºC.

Al intervalo de temperatura entre 5 y 65 ºC se le denomina *zona de peligro*.

Pese a todo, el mantener a los alimentos fuera de la zona de peligro, tampoco previene toda la multiplicación bacteriana, ya que algunas bacterias son capaces de producir esporas que les permite sobrevivir incluso a temperaturas más bajas (y más altas).

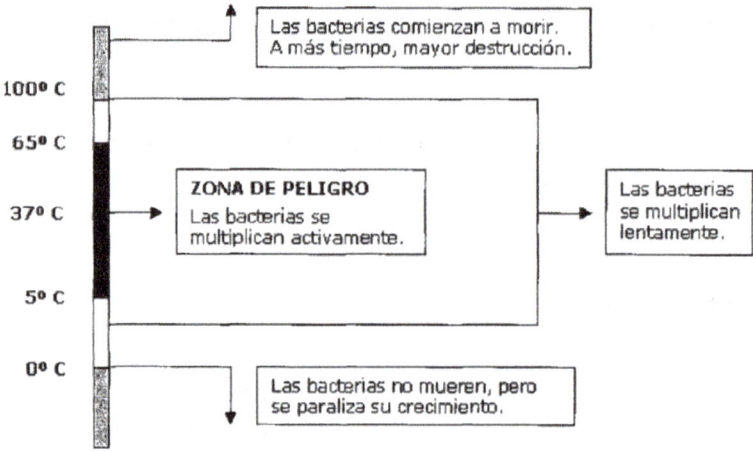

Temperatura de crecimiento bacteriano

4.2. Humedad

Las bacterias son organismos vivos y, por lo tanto, necesitan el agua para vivir y poder desarrollarse.

La humedad de un alimento es la cantidad de agua que presenta. Esta cantidad de agua puede estar libre o combinada con otros componentes. A la cantidad de agua disponible en el alimento se denomina *actividad de agua*, y es la que el microorganismo puede utilizar para su crecimiento. Por lo tanto, un microorganismo se desarrollará mejor en aquellos alimentos que contengan más agua libre, es decir, en alimentos con elevada actividad de agua. Por esta causa un método de conservación es la eliminación total o parcial del agua libre presente en alimento (desecación o deshidratación).

La leche en polvo o los huevos desecados no permiten el crecimiento bacteriano hasta el momento en que son reconstituidos con agua. En ese instante las bacterias presentes comenzarán a crecer; por ello estos alimentos una vez reconstituidos deben ser tratados como frescos, emplearse tan pronto como sea posible y conservarlos en refrigeración.

4.3. Composición del alimento

Las bacterias prefieren alimentos con un alto contenido en proteínas y sustancias nutritivas como la carne y productos cárnicos cocinados, la carne de pollo, salsas y cremas, huevos y ovoproductos o los productos lácteos (=alimentos de alto riesgo).

Los alimentos que tienen una alta concentración de azúcar, sales, ácidos u otros conservantes no permiten el crecimiento bacteriano.

Las instalaciones de manipulación de alimentos (suelos, paredes, superficies, equipo, etc.) por lo común contienen tanta humedad como los nutrientes necesarios para soportar el crecimiento bacteriano, por lo que han de considerarse también estos ambientes como fuente de contaminación.

4.4. Tiempo

Si se les proporcionan a las bacterias las condiciones óptimas en cuanto a nutrientes, humedad y calor, algunas son capaces de multiplicar su número por 2 en solo 10-20 minutos. Una sola bacteria en solo ocho horas puede producir más de dieciséis millones de bacterias. Así, unas buenas prácticas higiénicas son absolutamente esenciales para frenar este enorme crecimiento.

El tiempo es primordial para evitar el crecimiento de bacterias

Si se les da el tiempo suficiente, un número inicial de bacterias pequeño puede multiplicarse hasta el punto de poder causar una intoxicación alimentaria.

Recuerda

Es esencial que los alimentos de alto riesgo no se mantengan en la zona de peligro, salvo el tiempo estrictamente necesario.

4.5. Acidez de los alimentos

La acidez se mide a través del pH. El pH es un parámetro que mide la acidez en una escala que va de 0 a 14. Así, si el valor del pH está comprendido entre 0 y 7 se le llama *ácido*, y si está comprendido entre 7 y 14 se le llama *básico* o *alcalino*. El pH 7 se llama pH *neutro*.

El pH determina la clase de microorganismos y el tipo de alteraciones que se pueden dar en un alimento. En general, a mayor acidez o mayor basicidad, mayor dificultad de crecimiento de los microorganismos. Así, por ejemplo, las frutas ácidas son más atacadas por mohos y levaduras (crecen mejor en condiciones ácidas) mientras las carnes y pescados constituyen un medio más favorable para las bacterias (crecen mejor en medios menos ácidos).

4.6. Condiciones de oxígeno

Las condiciones de presencia o carencia de oxígeno determinan la presencia y grado de las alteraciones de determinados microorganismos.

Algunos microorganismos necesitan el oxígeno para vivir (se les llama *aerobios*); estos son la mayoría de los microorganismos alterantes de los alimentos. Otros microorganismos prefieren medios carentes de oxígeno (se les llama *anerobios*); un ejemplo de estos son los *clostridium*.

4.7. Presencia de sustancias antimicrobianas

Existen algunos alimentos que poseen de una forma natural unos compuestos que tienen propiedades antimicrobianas:

- Ácidos orgánicos en las frutas y verduras (por ejemplo, ácido benzoico).
- Determinadas proteínas de la clara del huevo (por ejemplo, lisozima).
- Antibióticos en la leche y miel.

Estas sustancias están en pequeñas cantidades presentes en los alimentos y son muy limitadas, por lo que su importancia es pequeña.

5. Métodos principales de conservación de alimentos

La conservación de alimentos tiene como finalidad evitar o retrasar su deterioro y, por tanto, prevenir enfermedades de origen alimentario y prolongar su vida útil. Para ello, se aplican diferentes técnicas que actúan sobre los microorganismos y sobre las condiciones que necesitan para crecer. Entre ellas, se encuentran los métodos basados en el frío, en el calor, en la eliminación del agua, en el envasado y en el empleo de radiaciones, así como otros sistemas complementarios. Cada método tiene sus ventajas, sus limitaciones y dispone de unas condiciones específicas de uso que deben respetarse para garantizar la seguridad alimentaria.

En la actualidad, la utilización del frío para conservar alimentos es el método más efectivo, de mayor facilidad en su aplicación y el que mantiene en mejores condiciones los alimentos, tanto en su aspecto externo como en su valor nutritivo.

A continuación, se presentan los principales métodos de conservación, clasificándolos según su mecanismo de acción.

5.1. Métodos que utilizan el frío

En la actualidad, la utilización del frío para conservar alimentos es el método más efectivo, de mayor facilidad en su aplicación y el que mantiene en mejores condiciones los alimentos, tanto en su aspecto externo como en su valor nutritivo.

La diferencia entre un alimento refrigerado y uno congelado es la temperatura a la que han sido sometido y, en consecuencia, a la que hay que mantenerlo.

 **Importante**

El alimento refrigerado se mantiene entre 0 y 5 ºC, mientras que el congelado se somete a temperaturas inferiores a 30 ºC bajo cero para congelarlo y luego se mantiene a -18 ºC.

Lo que se consigue con estos métodos es detener el crecimiento de las bacterias, pero no llega a destruirlas.

Los refrigeradores deberían situarse en zonas bien ventiladas donde no exista ninguna fuente de calor ni de directamente la luz del sol.

Las cámaras de refrigeración y congelación deben estar constituidas con material fácilmente lavable, con revestimientos internos y repisas impermeables y resistentes a la corrosión. El aislamiento de la puerta debe ser inspeccionado regularmente y toda la unidad debe poseer un servicio de mantenimiento regular.

Ejemplo de alimentos refrigerados

A. Refrigeración

Inhibe el crecimiento de los microorganismos (estos van a crecer muy lentamente), pero no los mata. También disminuyen los procesos de alteración.

El control de la temperatura es el factor más importante para prevenir el crecimiento bacteriano y la aparición de brotes de toxiinfección alimentaria. Ha de haber siempre un termómetro localizado en la parte menos fría de la cámara y la temperatura debe ser inspeccionada y registrada diariamente (mediante el uso de termógrafos).

La cámara de refrigeración funcionará correctamente si existe el espacio suficiente entre los alimentos para que el aire frío circule y mantenga baja la temperatura. Al sobrecargar el refrigerador, está impidiendo que circule el aire frío, con lo que los alimentos no alcanzan la temperatura deseada, favoreciéndose así su alteración y su contaminación.

No se deben introducir alimentos calientes en la cámara, pues elevaría la temperatura interna, lo que estimularía el crecimiento bacteriano, causaría condensación, favoreciendo la contaminación cruzada y obligaría a la maquinaria a un sobreesfuerzo, con peligro de quemar el motor.

No es conveniente conservar en refrigeración alimentos en latas abiertas, ya que muchos alimentos enlatados contienen ácidos que pueden atacar la lata y causar su contaminación y alteración. Es mejor transferirlos a recipientes de plástico con tapa antes de introducirlos en el refrigerador.

 Anotación

Es necesaria la existencia de un mínimo de tres refrigeradores: uno para pescados y productos cárnicos crudos, otro para productos cocinados y otro para productos lácteos.

Si solo se dispone de una cámara frigorífica o refrigerador, es absolutamente preciso colocar los alimentos de la forma siguiente:

- Las carnes y los pescados crudos en la parte inferior.
- Los alimentos cocinados en el centro.
- Los productos lácteos en la parte superior.

Así evitamos que la sangre y los exudados de la descongelación goteen sobre los alimentos cocinados y los productos lácteos (que son alimentos de alto riesgo) que no va a ser cocinados o recalentados antes de ser consumidos.

Tanto en congelación como en refrigeración, los artículos antiguos han de ser colocados en la parte delantera de las repisas de modo que sean los primeros en ser utilizados. El cumplimiento de las recomendaciones de "vida útil" o "periodo de caducidad" garantizan que los alimentos sean seguros y aptos para el consumo.

B. Congelación

Paraliza toda la actividad microbiana, pero no mata. No hay riesgo de alteración del valor nutritivo del alimento y, por lo tanto, va a permitir la conservación de los alimentos durante largos periodos de tiempo. Un alimento congelado dura en perfecto estado como mínimo en año.

La temperatura de almacenamiento de productos congelados es -18 °C.

La congelación paraliza la actividad microbiana

Los alimentos congelados necesitan una atención especial. Se piensa que por el hecho de estar congelados ya son totalmente seguros y pueden estar tratados sin cuidado.

Realmente ocurre lo contrario: por estar congelados han de ser manejados con un cuidado especial:

- El área de almacenamiento en congelación ha de estar seca, bien ventilada y limpia.
- Es necesario asegurarse de que las cámaras de congelación funcionan a la temperatura correcta para garantizar que los alimentos se mantienen congelados (control diario de la temperatura) y que las puertas cierran correctamente.
- Los productos nuevos se deben colocar detrás o debajo de los antiguos para asegurar una buena rotación de stocks. No se debe superar el límite de carga de la cámara.
- Todos los alimentos congelados tienen una vida útil en congelación (periodo de tiempo en el que congelados se mantienen aptos para el consumo humano) que ha de ser inspeccionada regularmente.
- Los alimentos que se conservan en congelación tienen que estar envasados adecuadamente. El hecho de que las bacterias no crezcan a temperaturas de congelación no significa que no pueda tener lugar la contaminación cruzada. Los alimentos conservados en congelación y no envasados pueden sufrir alteraciones como la quemadura de la congelación, que deseca la superficie del alimento

formando una costra blanquecina, alteración que supone pérdida de nutrientes y disminución de la calidad del producto.

La **ultracongelación** es un proceso de alta tecnología que consiste en la congelación ultrarrápida de los alimentos (temperaturas de 30-40 ºC bajo cero) produciendo de este modo muchos cristales de hielo pequeños en el interior del alimento, lo que reduce su alteración y mantiene su calidad. Cuando utilizamos un congelador doméstico para congelar alimentos, se produce una congelación lenta y los cristales de hielo que se forman son grandes y destruyen la textura y la calidad del alimento congelado, incrementando el riesgo de alteración.

Nunca debe recongelar alimentos que han sido congelados y no usados, pues los microorganismos no destruidos en la primera congelación se habrían desarrollado y multiplicado durante la segunda. Solo hay que descongelar lo que se vaya a utilizar.

El **proceso de descongelación** tiene tanta importancia como el de congelación, pues pueden producirse pérdidas de nutrientes por difusión si el proceso se realiza lentamente. Una descongelación lenta conlleva el paso por las temperaturas críticas (entre 0 y -10ºC) durante un periodo prolongado de tiempo, lo que produce la recristalización o agregación de los cristales pequeños para dar otros más grandes con el consiguiente deterioro de la estructura de las células del alimento.

- La **descongelación en refrigeración** puede alterar la textura del producto ya que es una descongelación lenta, pero mantiene la calidad higiénica del alimento ya que no permite el crecimiento microbiano.
- En la **descongelación a temperatura ambiente,** la superficie del alimento se descongelaría mucho más rápido que la porción interna, de modo que mientras las zonas más profundas se descongelan, las porciones externas habrán alcanzado una temperatura lo suficientemente alta para permitir el crecimiento de bacterias patógenas como *salmonella*.

- El mejor método de descongelación es el **microondas**, ya que el alimento se calienta uniformemente en todos sus puntos, simultáneamente en el interior y en el exterior del producto. Consiste en una serie de rayos que obligan a vibrar a las moléculas de agua del alimento y, como consecuencia de esta vibración, el producto se calienta en toda su masa, manteniendo la calidad y textura del mismo.

La descongelación en el microondas es el método más rápido

5.2. Métodos que utilizan el calor

La aplicación de calor es uno de los métodos más eficaces que se utilizan para la conservación de los alimento ya que hay muchos microorganismos que no sobreviven a altas temperaturas.

A. Pasteurización

El proceso consiste en la aplicación al alimento de temperaturas por debajo de 100 °C (generalmente entre 65 y 70 °C) durante el tiempo suficiente para eliminar los microorganismos patógenos. No se consigue una destrucción microbiana total, quedan algunas bacterias esporuladas resistentes y flora alterante que pueden crecer; por ello, necesitan frío para su mantenimiento. La duración es menor que la de los alimentos esterilizados.

La ventaja es que se produce, en general, un menor deterioro térmico y, por lo tanto, menores pérdidas nutricionales que en otros tratamientos más enérgicos.

B. Esterilización

El proceso consiste en la aplicación al alimento de temperaturas superiores a 100 °C (generalmente entre 115 y 125 °C) durante el tiempo suficiente para eliminar todos los microorganismos, sus esporas y las enzimas alterantes. El producto tiene que haberse introducido previamente en un recipiente hermético (lata, bote, etc.) que no permita la entrada ni la salida de aire.

Al quedar esterilizado (sin ningún germen), y además impedir la entrada de aire o el contacto con sustancias contaminadas, se puede conservar durante un periodo de tiempo muy largo.

Los problemas sanitarios que se pueden presentar son:

- Que no se alcance la temperatura suficiente y que se recontamine el alimento al germinar las esporas.
- Que no se haya cerrado herméticamente el recipiente, o bien que una vez cerrado este haya sufrido algún daño que permita la entrada de gérmenes.

Estos problemas pueden dar lugar a la alteración del alimento, lo cual puede ser causante de enfermedades e intoxicaciones.

Los indicios que nos llevan a rechazar una lata al abrirla son:

- Que al abrirla se produzca una salida violenta de líquido y gas, señal de que algún microorganismo ha realizado alguna fermentación.
- Que el líquido aparezca turbio o grumoso.
- Que la dureza, el color o el olor del alimento o, en general, su aspecto, sean extraños.
- Que la lata tenga color negro en su interior.

Por otro lado, y antes de abrir la lata, hay que rechazar aquellas que no están limpias, que tengan bordes oxidados, las etiquetas manchadas o simplemente esté abombada.

 **Importante**

Una lata con abombamiento indica que dentro vive algún microbio y ha expulsado gases, llegando a deformar la lata. Esto es altamente peligroso.

C. Procesos HTST, UHT

Los tratamientos prolongados afectan mucho más a las características organolépticas y nutricionales de los alimentos que aquellos que, aunque utilicen temperaturas que podríamos considerar elevadas, se realizan durante periodos de tiempo muy cortos.

Este es el fundamento de los procesos más reciente de conservación por el calor: los denominados *"ALTO-CORTO"* (UHT o HTST), que consisten en el calentamiento de una fina capa del alimento a temperaturas de 150 ºC durante solo unos segundos. Un claro ejemplo es la leche, en la que se produce una esterilización total sin modificaciones organolépticas o nutricionales importantes. Además, el envasado al vacío y en recipientes opacos (tetra-brick) es el idóneo para conseguir una buena conservación durante el almacenamiento.

5.3. Eliminación de agua

El agua en sí misma no es perjudicial para el alimento. Lo que ocurre es que todos los seres vivos, incluidos los microorganismos, necesitan el agua para desarrollarse; por eso un alimento húmedo llega a pudrirse.

Recuerda

Por esta razón, si eliminamos el agua en un alimento, ya sea parcialmente o en su totalidad, lo que estamos haciendo es dificultar, o incluso impedir, que los gérmenes se desarrollen a costa del alimento, pero no los mata.

A mayor cantidad de agua contenida en un alimento, mayor es la probabilidad de que se desarrollen en él todo tipo de microorganismos. Si además, el alimento contiene buenos nutrientes, tendremos el medio ideal para que vivan los microorganismos. Con esto llegamos a la conclusión de que eliminar el agua de un alimento, y cuanta más agua libre eliminada mejor, es un buen método para conservarlo.

Este método también tiene inconvenientes, y es que en el agua de constitución de los alimentos hay disueltos muchos nutrientes, algunos de ellos imprescindibles para la vida humana, como ciertas vitaminas -las hidrosolubles (solubles en agua)- o algunas sales y minerales.

Los procedimientos para eliminar el agua de los alimentos son:

A. Liofilización

Consiste en la congelación del alimento, a continuación eliminar el agua por medio del vacío y finalmente aplicar calor de nuevo. Aunque es un método que resulta costoso, tiene grandes ventajas, pues el alimento conserva su forma original y es la menos nociva para los nutrientes, incluso mantiene gran cantidad de la vitamina C.

B. Desecación

Consiste en la reducción del contenido de agua de los alimentos utilizando las condiciones ambientales naturales. Es un procedimiento mucho más barato, pero resta más nutrientes al alimento. Se utiliza, por ejemplo, en las frutas, para obtener higos secos o pasas a partir de las uvas.

C. Deshidratación

Es la reducción del contenido de agua de los alimentos por medio de la acción del calor artificial. Es un método intermedio en cuanto a coste y pérdida de nutrientes.

D. Salazón

Es un método de conservación que utiliza el ser humano desde la antigüedad, aunque actualmente se mantiene no solo con la finalidad de conservar al alimento sino por las características de sabor que confiere al producto. La sal actúa desecando al producto ya que disminuye la cantidad de agua disponible.

El bacalao en salazón se puede conservar en un lugar seco durante meses

A más sal, menos agua, por lo tanto más difícil lo tendrán los microorganismos. Además parece ser que la sal tiene algún poder antimicrobiano en sí misma, demostrándose que la mayoría de las bacterias no pueden vivir en alimentos que tengan gran contenido en sal. Otras, sin embargo, necesitan que haya sal para poder desarrollarse.

Se utiliza en carnes y pescados (por ejemplo, mojamas, arenques) y es prácticamente imprescindible en la conserva del bacalao.

E. Curado

El curado es una salazón particular; no solo se utiliza la sal común, sino que también hay que usar otras sales como los nitratos sódicos o potásicos. Algunas bacterias que toleran vivir con tal cantidad de sal convierten los nitratos en nitritos. Mediante esta reacción química se altera la composición del alimento y la carne adquiere ese color característico.

La salmuera (conjunto de sales) que se añade ha de inyectarse en el producto y después el alimento ha de ser sumergido en la solución salina o salmuera. Tras estos procesos químicos, se necesita tiempo para que el alimento se cure. En esta fase del proceso hay que controlar la humedad y la temperatura en la cámara de curado.

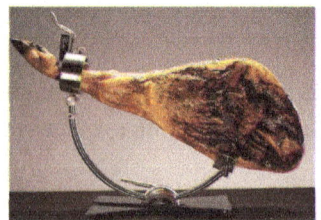
Ejemplo de alimento que se somete al curado

Es un buen método de conservación. Además, los productos así obtenidos consiguen un aroma y un sabor inigualables (por ejemplo, el jamón curado, el lomo curado, etc.).

F. Ahumado

Es una técnica de conservación de relativa poca importancia, pues se ha visto superada por otros medios más eficaces y más baratos. Actualmente, más que una técnica de conserva se utiliza como una forma de presentación de ciertos productos, para que resulten más atractivos al consumidor.

Consiste en conservar al alimento mediante la acción desecadora del humo y, por otro lado, aprovechar el poder antiséptico (eliminar microorganismos perjudiciales) de este. Los problemas sanitarios están relacionados con componentes químicos del humo, porque algunos pueden ser tóxicos (cancerígenos).

Los alimentos que se presentan ahumados son carnes y pescados principalmente, como el salmón ahumado, la trucha ahumada o el jamón ahumado.

5.4. Diferentes tipos de envasado

A. Enlatado

Es un método consistente en la introducción de un alimento dentro de un recipiente de diversa naturaleza (lata, cristal, plástico...) y sometido (normalmente) a un proceso térmico para garantizar su esterilidad. El material utilizado en la fabricación de recipientes debe ser inalterable, garantizando que no van a provocarle al alimento ningún tipo de anomalía ni cesión de partículas.

B. Atmósferas modificadas y envasado al vacío

Algunos microorganismos necesitan el oxígeno para vivir (se les denomina *aerobios*). Normalmente estos microorganismos son los responsables de la alteración de los alimentos. Así, por ejemplo, mohos que forman esa pelusilla característica en la superficie de algunas hortalizas o frutas, tales con el tomate o la naranja. Salen en la superficie y no en el interior porque necesitan el oxígeno para vivir.

Estas técnicas de conservación se basan fundamentalmente el este principio: eliminar el oxígeno que rodea al alimento y así aumentar la vida útil del mismo. Normalmente se necesita, además, su conservación en refrigeración.

El **envasado con atmósferas protectoras modificadas** consiste en eliminar el aire del envase que contiene al alimento e introducir un gas inerte, que no reacciona con los alimentos pero sí mata los microorganismos o evita el crecimiento. El gas que se emplea normalmente es el dióxido de carbono (CO_2).

El **envasado al vacío** consiste en eliminar el aire que rodea al producto. El alimento se coloca en un envase formado con un plástico que no deja pasar el oxígeno, se elimina el aire y se cierra el envase.

5.5. Aplicación de radiaciones

La irradiación tiene los mismos objetivos que otros métodos de tratamiento de los alimentos: reducir pérdidas ocasionadas por alteración descomposición y combatir los microbios y otros organismos.

El empleo de radiaciones ionizantes en los alimentos tiene efectos letales para los microorganismos y las dosis empleadas no deben constituir peligro para la salud de los consumidores, solamente deben garantizar que su acción sea similar a la destrucción por el calor, o sea, que en proporción al aumento de la dosis disminuya exponencialmente el número de gérmenes que sobreviven.

Muchas de las aplicaciones prácticas del tratamiento por irradiación tienen que ver con

la conservación, puesto que esta inactiva los organismos que descomponen los alimentos, en particular las bacterias, los mohos y las levaduras. Además, es muy eficaz para prolongar el tiempo de conservación de las frutas frescas y hortalizas porque controla los cambios biológicos normales asociados a la maduración, la germinación y por último, el envejecimiento.

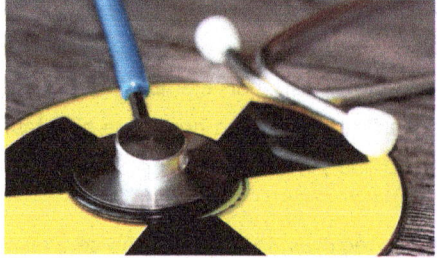

Las radiaciones ionizantes son mortales para los microorganismos

La irradiación destruye también los organismos causantes de enfermedades, inclusive los gusanos, parásitos e insectos que deterioran los alimentos almacenados.

Las dosis de radiación ionizante utilizadas son establecidas en las recomendaciones del *Codex Alimentarius* y son aplicadas en unidades llamadas *grays*, variando según el tipo de alimento y de las necesidades del tratamiento, pero en todo caso sin exceder los 10 kGy.

5.6. Otros

- **Fermentación.** Técnica para conservar ciertas hortalizas y frutas, como las aceitunas, pepinillos o cebollas. Consiste en sumergir el alimento en salmuera. En estas condiciones se desarrollan unos microorganismos no patógenos que producen la fermentación. En este proceso se destruyen unos compuestos, los azúcares naturales, que servirían para alimentar a microbios perjudiciales.

- **Adición de conservantes ácidos.** Se añade un ácido orgánico, como puede ser el ácido benzoico, el sórbico o el propiónico y, debido, entre otras razones, a que muchas bacterias no pueden vivir en medio ácido, se consigue un efecto antiséptico. Se encuentra en casi todos los alimentos ácidos.

- **Adición de azúcares.** Se trata de añadir azúcar al producto, en forma de glucosa principalmente, para que, al aumentar la concentración, disminuya el agua libre y los microorganismos tengan más difícil vivir. Se utiliza en compotas, mermeladas, etc.

- **Adobo.** Consiste en adicionar al alimento una combinación de condimentos y especias (ajo, vinagre o limón, orégano, aceite, pimentón, etc.) que permite prolongar la conservación del alimento por un tiempo no muy alto.

  No es un procedimiento muy eficaz, por lo que si no se consume de inmediato, hay que guardar el alimento en el refrigerador. La temperatura ambiental y el contacto con el oxígeno deterioran los productos adobados.
  Bajo esta forma se suelen presentar en el mercado carnes como lomo, costilla de cerdo, carne de pollo y también adobos de pescado.

  Es importante tener en cuenta que el adobo puede servir para enmascarar los sabores y olores producidos por una carne o un pescado que estén en malas condiciones. Esto supone una práctica fraudulenta y hasta perjudicial para la salud del consumidor.

U. A. 2. Alteración y contaminación de alimentos

Resumen

El deterioro o alteración de los alimentos comprende todo cambio que los convierte en inadecuados para el consumo.

La contaminación es la presencia de cualquier material extraño en un alimento, ya sean bacterias, metales, tóxicos o cualquier otra cosa que haga al alimento inadecuado para ser consumido por las personas.

La contaminación cruzada es el proceso por el que las bacterias de un área son trasladadas, generalmente por un manipulador alimentario, a otra área limpia, de manera que infecta alimentos o superficies.

Se distinguen dos tipos de contaminación (o contaminantes):

- Contaminación biótica: provocada por un organismo vivo o por sustancias que este produce: bacterias, hongos, virus, parásitos.
- Contaminación abiótica: provocada por sustancias o elementos inertes: contaminantes físicos y químicos.

Las bacterias, como el resto de formas vivas, tienen una serie de necesidades para crecer y multiplicarse. Estas necesidades son: temperatura, humedad, alimento y tiempo. También influyen en su multiplicación: acidez, condiciones de oxígeno y presencia de sustancias antimicrobianas.

Los principales métodos de conservación de los alimentos son:

- Métodos que utilizan el frío:
  - Refrigeración.
  - Congelación.
- Métodos que utilizan el calor:
  - Pasteurización.
  - Esterilización.

- o Procesos HTST, UHT.
- Eliminación de agua:
  - o Liofilización.
  - o Desecación.
  - o Deshidratación.
  - o Salazón.
  - o Curado.
  - o Ahumado.
- Diferentes tipos de envasado:
  - o Enlatado.
  - o Atmósferas modificadas y envasado al vacío.
- Aplicación de radiaciones.
- Otros.

Glosario

Alimento adulterado

Alimento al que se haya adicionado o sustraído cualquier sustancia para variar su composición, peso o volumen, con fines fraudulentos o para encubrir o corregir cualquier defecto debido a ser de inferior calidad o a tener ésta alterada.

Alimento perecedero

Alimento que por sus características exige condiciones especiales de conservación (refrigeración) durante su almacenamiento y transportación.

Arrojo sanitario

Es la medida sanitaria mediante la cual se ordena desechar un alimento u otro producto que por su peligrosidad para la salud humana no debe ser usado o ingerido por las personas ni, por alguna causa, ser empleado en una línea de producción industrial o decidir su uso animal.

Desinfección

Reducción de la cantidad de microorganismos sin dañar el producto, mediante agentes químicos o procedimientos físicos. Los desinfectantes más utilizados suelen ser: agua a temperaturas superiores a 80º C, compuestos dorados (lejía), amonios cuaternarios, iodóforos.

Esterilización

Proceso mediante el cual se somete un alimento a temperaturas elevadas (más de 100º C) por un tiempo determinado que garantice la destrucción de todos los microorganismos.

Excipientes

Sustancias del alimento que no pasan a la sangre tras sufrir la digestión, sino que quedan en el aparato digestivo y son eliminados formando las heces; suelen ser responsables de la estructura y la forma de alimento y particularmente un tipo, la fibra, es fundamental para el mantenimiento de nuestra salud.

Fiabilidad

Cualidad de una persona o elemento fiables

En el caso de un alimento, la fiabilidad hacer referencia a la probabilidad de que el alimento se conserve correctamente.

Infección

Transmisión de una enfermedad a consecuencia del contacto con el germen o con el virus que la causa, de modo que el organismo que ha entrado en contacto con él acaba sufriendo la enfermedad causada por esa transmisión.

Intolerancia alimentaria

Reacción adversa del metabolismo, manifestada a través de la formación de anticuerpos, ante la ingesta de un determinado alimento o de un determinado componente de un alimento. A diferencia de una reacción alérgica, en esta reacción no interviene el sistema inmunológico (salvo en el caso excepcional de la intolerancia al gluten, en la que sí interviene el sistema inmune). La intolerancia alimentaria afecta a cada persona de forma distinta: los alimentos que favorecen a una persona pueden resultar perjudiciales para otra.

Mijo

Planta de la familia de los cereales con el tallo fuerte y las hojas planas, largas y terminadas en punta Se llama también mijo a la semilla de la planta anterior, que es pequeña, redonda y brillante.

Ejercicios de autoevaluación

1. ¿A qué tipo de contaminación pertenecen los contaminantes químicos?

    a. Contaminación abiótica.

    b. Contaminación biótica.

    c. Tóxicos naturales.

2. ¿Cuál es el intervalo de temperatura que se denomina zona de peligro?

    a. 30 y 65 ºC.

    b. 5 y 65 ºC.

    c. -10 y 30 ºC.

3. ¿Cómo se llama el valor del pH que está comprendido entre 7 y 14?

    a. Ácido.

    b. Neutro.

    c. Alcalino.

4. ¿Cómo se llama al proceso que consiste en la aplicación al alimento de temperaturas por debajo de 100 ºC (generalmente entre 65 y 70 ºC)?

    a. Esterilización.

    b. Pasteurización.

    c. Liofilización.

5. ¿Cuál de los siguientes métodos supone la reducción del contenido de agua de los alimentos por medio de la acción del calor artificial?

    a. Salazón.

    b. Desecación.

    c. Deshidratación.

6. **¿Cómo se denomina el proceso de congelación ultrarrápida que forma cristales de hielo muy pequeños y mantiene mejor la calidad del alimento?**

    a. Congelación lenta.
    b. Ultracongelación.
    c. Pasteurización.

7. **¿Qué sustancia natural de los vegetales tiene efecto antimicrobiano?**

    a. Ácido benzoico.
    b. Sacarosa.
    c. Clorofila.

8. **¿Qué opción describe la contaminación cruzada?**

    a. Transmisión de bacterias de un área contaminada a otra limpia por mala manipulación.
    b. Proceso de eliminación de todos los microorganismos.
    c. Conservar alimentos a más de 65 ºC.

9. **¿A partir de qué temperatura, en general, comienzan a morir la mayoría de las bacterias?**

    a. Por debajo de 0 ºC.
    b. A partir de unos 100 ºC.
    c. Entre 5 y 65 ºC.

10. **¿Qué tipo de microorganismos se clasifican en mohos y levaduras?**

    a. Virus.
    b. Hongos.
    c. Bacterias.

U. A. 3. Prevención de enfermedades de transmisión alimentaria

Introducción

La prevención constituye uno de los pilares fundamentales en la seguridad alimentaria. Aunque la alteración y contaminación de los alimentos pueden estar presentes de manera natural o debido a factores ambientales, la gran mayoría de los riesgos alimentarios son evitables si se aplican correctamente las medidas de higiene, control y autocontrol establecidas para la industria alimentaria y para los manipuladores.

En esta unidad se estudiará la responsabilidad directa que tienen los manipuladores de alimentos en la prevención de enfermedades de transmisión alimentaria, comprendiendo la importancia de mantener hábitos higiénicos adecuados tanto en el puesto de trabajo como en el manejo, preparación y conservación de los productos.

Se abordarán los requisitos higiénico-sanitarios que deben cumplir las instalaciones, los sistemas organizativos de trabajo, la limpieza y desinfección de locales y equipos, el control de plagas, la gestión correcta de residuos y los protocolos establecidos en la normativa alimentaria.

Además, se presentarán los principios del sistema APPCC (Análisis de Peligros y Puntos de Control Crítico), considerado internacionalmente como el método más eficaz para garantizar la seguridad alimentaria en todas las fases de la cadena. También se tratará la responsabilidad de la empresa y la necesidad del correcto etiquetado, especialmente en lo referente a sustancias que causan alergias o intolerancias.

Objetivos

- Aplicar prácticas correctas de higiene y manipulación de alimentos, de acuerdo con los requisitos higiénico-sanitarios y las responsabilidades del manipulador, para prevenir riesgos alimentarios.

- Reconocer la importancia de la prevención en la industria alimentaria, incluyendo la limpieza, desinfección, control de plagas, gestión de residuos y la implantación de sistemas de autocontrol como el APPCC.

- Valorar la importancia del cumplimiento de las normas de higiene y autocontrol en las instalaciones alimentarias, identificando los elementos clave que garantizan la seguridad del alimento.

- Interpretar los principios del sistema APPCC y su aplicación en diferentes procesos alimentarios, con el fin de comprender cómo se detectan y controlan los peligros.

- Identificar la normativa vigente relacionada con sustancias alergénicas e intolerancias alimentarias, y su correcta inclusión en el etiquetado, garantizando información clara y veraz al consumidor.

1. El papel de los manipuladores como responsables de la prevención de las enfermedades de transmisión alimentaria

El principal responsable de los casos de toxiinfección alimentaria es siempre el personal que manipula alimentos. Las intoxicaciones alimentarias no ocurren, sino que son causadas, y normalmente por no seguir unas buenas prácticas higiénicas. La higiene personal es, por tanto, uno de los factores más importantes dentro del capítulo de la higiene alimentaria.

1.1. Requisitos del manipulador de alimentos

El principal responsable de los casos de toxiinfección alimentaria es siempre el personal que manipula alimentos. Las intoxicaciones alimentarias no ocurren, sino que son causadas, y normalmente por no seguir unas buenas prácticas higiénicas. La higiene personal es, por tanto, uno de los factores más importantes dentro del capítulo de la higiene alimentaria.

A. Fuentes de contaminación alimentaria procedentes del ser humano

El cuerpo humano sano constituye el hábitat natural de un gran grupo de bacterias, de manera que el tipo de microorganismos y su cantidad dependen de las diferentes regiones del cuerpo. Más del 95% de dicha población microbiana vive en el tracto digestivo y, sobre todo, en el colon. Cualquier modificación en las características de este hábitat o de las propias bacterias puede suponer la aparición de alteraciones en la salud.

- **Tracto intestinal y urinario.** La contaminación de alimentos puede producirse a partir de bacterias y virus eliminados por las heces de personas que padecen una enfermedad intestinal. Como ejemplo podemos hablar de la *salmonelosis*, donde pueden eliminarse hasta mil millones de *salmonellas* por gramo de heces. La orina también es un vehículo importante para la eliminación de microorganismos.

- **Manos y piel.** A lo largo de toda la jornada de trabajo las manos entrarán en contacto con múltiples superficies, alimentos y sustancias que contienen bacterias nocivas, por lo que existe un gran riesgo de contaminación cruzada, pudiendo desembocar en un brote de toxiinfección alimentaria.

  Las manos deben lavarse cada vez que se cambia de actividad durante el trabajo, especialmente cuando se va a manipular carne u otros alimentos crudos y después se pasa a manipular alimentos ya preparados.

  Para la limpieza debe utilizarse agua caliente, un jabón bactericida, cepillarse las uñas y secarse las manos con servilletas de papel desechables, no utilizar trapos ni sacadores de aire caliente.

- **Infecciones cutáneas purulentas.** Cualquier alteración de la piel es un lugar ideal para la multiplicación de las bacterias, por lo que todas ellas deben ser cubiertas con apósitos coloreados e impermeables al agua y frecuentemente sustituidos por otros limpios. Deben ser coloreados para que, en el caso de caer en un alimento, poder ser fácilmente identificado y retirado dicho alimento.

- **El pelo.** La peligrosidad del pelo radica en su continuada muda y en la presencia de caspa, ambos pueden caer sobre el alimento y contaminarlo con las bacterias presentes en el cuero cabelludo. Todos los manipuladores deben llevar gorros adecuados de manera que el pelo quede completamente cubierto. Esto también afecta a la barba, que debe ser protegida con una mascarilla.

- **Oídos, nariz y boca.** La bacteria conocida como *staphylococcus* se encuentra presente en la nariz y la boca del 40-45% de las personas adultas. Los estafilococos se diseminan muy fácilmente con las acciones de sonarse la nariz, toser o silbar en el área alimentaria. Un manipulador que se encuentre resfriado no debería trabajar cerca de alimentos. No está permitido comer ni beber en las áreas de trabajo. Tampoco está permitido usar goma de mascar.

Tabaco. La contaminación que se produce en el alimento mientras se está fumando puede proceder de las bacterias que habitan en la boca, así como de las colillas y cenizas que pueden caer sobre el alimento.

Ejemplo de fuente de contaminación alimentaria

- **Joyas y perfumes, entre otros.** Los alimentos absorben fácilmente los olores, especialmente aquellos ricos en grasa y esto es también un tipo de contaminación.

  Los anillos, relojes, broches y demás joyas son excelentes trampas para la suciedad y las partículas de alimentos donde la multiplicación de las bacterias se facilitaría y podrían causar enfermedades de la piel. También son susceptibles de caer sobre los alimentos.

- **Indumentaria de protección.** Se trata de proteger al alimento de fuentes externas de contaminación ya que en la parte externa de nuestra ropa se acumula el polvo, pelo, fibras de lana, etc. Por eso el manipulador debe llevar una indumentaria protectora limpia, lavable, de color claro, sin bolsillos externos, preferiblemente con cierre sin botones y deben cambiársela frecuentemente.

  Los visitantes de las zonas de fabricación, elaboración o manipulación de alimentos deberán llevar, cuando proceda, ropa protectora y cumplir las demás disposiciones de higiene personal.

- **Cuidados de la salud y registro de enfermedades.** Todo manipulador de alimentos tiene la obligación legal de informar a sus superiores si sufre cualquier enfermedad que pueda causar la contaminación de los alimentos y, por lo tanto, la aparición de intoxicaciones alimentarias o enfermedades transmitidas por alimentos (por ejemplo, diarreas, vómitos, fiebre, dolor de garganta con fiebre, supuración de los oídos, los ojos o la nariz, lesiones de la piel visiblemente infectadas, etc.).

Anotación

Es importante recordar que siempre es mejor prevenir que remediar el mal ya causado.

B. Buenas prácticas de manipulación

- Lavarse las manos de forma continuada y después de usar el baño, entre manipulación de alimentos crudos y cocinados, al cambiar de actividad, después de comer, fumar o sonarse la nariz, después de manipular desperdicios y basuras, etc.
- Mantener las uñas cortas y sin pintura.
- Utilizar siempre ropa de trabajo, de colores claros, que debe estar perfectamente limpia y guardarla separada de la ropa de calle.
- Llevar gorros adecuados que cubran todo el pelo.
- Cubrir las heridas con apósitos de colores y limpios.
- No comer ni beber en la zona de trabajo.
- No sonarse la nariz, toser, estornudar o silbar, cerca de los alimentos.
- No fumar en las áreas alimentarias.
- No llevar joyas, ni perfumes fuertes.
- No trabajar con alimentos cuando se padezca enfermedad infecciosa o se sea portador asintomático.
- Recibir formación continuada en materia de higiene alimentaria.
- Los visitantes de las zonas de fabricación, elaboración o manipulación de alimentos deberán llevar, cuando proceda, ropa protectora y cumplir las demás disposiciones de higiene personal.

Un manipulador con síntomas de resfriado no puede trabajar

1.2. Responsabilidad y prevención

La responsabilidad del manipulador es enorme con respecto a la transmisión de enfermedades a los potenciales usuarios de los servicios de alimentación, pero no vamos a olvidar que también se pueden contagiar los propios manipuladores de alimentos, por lo que la higiene cobra sentido e importancia en ambas direcciones.

Muchas bacterias son causantes de un grupo de enfermedades clasificadas como **transmisibles**. Por transmisibles entendemos aquellas producidas por bacterias que se transfieren o pasan de una persona a otra. Esas bacterias pueden viajar de una persona a otra de forma directa o indirecta. Cuando sepamos esto y cómo evitarlo estaremos poniendo en práctica el proceso de higienización.

Si no existiesen las bacterias nocivas, tampoco existiría la necesidad de aplicar las normas de higiene. Vale la pena recordarlo, porque ayuda al personal de servicios de alimentación a comprender que higienización significa algo más que limpieza superficial. Significa trabajar con determinada rutina y crearse hábitos personales que protejan la salud del trabajador ayudándola a evitar la difusión de formas transmisibles (contagiosas) de enfermedad.

Es necesario saber que más del 40% de las enfermedades transmisibles que los médicos están obligados a declarar a través de los departamentos de salud pública tienen relación con la alimentación. Es por tanto muy necesario que los empleados de servicios alimentarios comprendan cómo pueden contribuir a evitar la difusión de dichas enfermedades.

Anotación

No basta con saber qué debe hacerse. Hay que comprender por qué se han establecido ciertas reglas y luego decidirse a seguirlas y a cumplir las rutinas higiénicas.

2. Requisitos higiénico-sanitarios de la industria alimentaria

La protección de los derechos de los ciudadanos es siempre una prioridad de las políticas públicas de salud, por ello promover la seguridad de los alimentos, viene siendo actividad fundamental de la Consejería de Sanidad.

2.1. Proyecto y construcción de las instalaciones

A. Emplazamiento

Los edificios, los equipos y las instalaciones deben emplazarse, proyectarse y construirse de manera que:

- Se reduzca al mínimo la contaminación.
- Permita un fácil mantenimiento, limpieza, desinfección y reduzcan al mínimo la contaminación originada por el aire.
- Las superficies y los materiales no sean tóxicos y sí suficientemente duraderos y fáciles de mantener y limpiar.
- Si procede, se disponga de medios de control de temperatura, humedad y otros factores.
- Haya protección contra el acceso de animales y anidamiento de plagas.

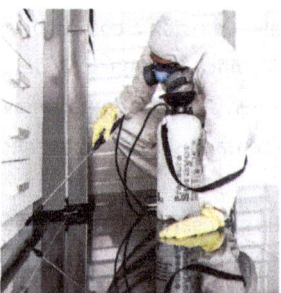

Los establecimientos tienen que protegerse contra las plagas

Los establecimientos deben estar alejados de:

- o Medios ambientes contaminados.
- o Actividades industriales.
- o Zonas expuestas a inundaciones.
- o Zonas de infestación de plagas.
- o Imposibilidad de retirar desechos.

- **Los equipos** deben estar instalados de manera que:
  - o Sea accesible y funcione para el uso al que está destinado.

- o Permita un mantenimiento y limpieza adecuados.
- o Facilite unas buenas prácticas de higiene.

B. Edificios y salas

- **El diseño y la disposición de las instalaciones** deben permitir la adopción de unas buenas prácticas de higiene. Esto se consigue:
  - o Separando actividades y previniendo contaminaciones cruzadas.
  - o Regulando el flujo de proceso: "de marcha adelante".
  - o Permitiendo llevar a la práctica el diagrama de flujos.

- **Las estructuras internas y mobiliarios** deberán estar sólidamente construidas y ser fáciles de mantener, limpiar y desinfectar. Para ello:
  - o Las superficies de paredes, tabiques y suelos serán de materiales impermeables, no absorbentes, lavables y que no tengan efectos tóxicos. Las paredes y tabiques tendrán una superficie lisa hasta una altura apropiada.
  - o Los suelos estarán construidos de manera que el desagüe y la limpieza sean adecuados.
  - o Los techos estarán construidos y acabados para reducir al mínimo la acumulación de suciedad y de condensación.
  - o Las ventanas serán fáciles de limpiar y, en caso necesario, provistas de mallas contra insectos.
  - o Las puertas serán de superficie lisas, no absorbentes y fáciles de limpiar.
  - o Las superficies de trabajo estarán hechas de material liso, no absorbente y no tóxico e inerte a los alimentos, detergentes y desinfectantes. Serán sólidas, duraderas y fáciles de limpiar, mantener y desinfectar.

C. Equipos

- **El equipo y los recipientes que vayan a estar en contacto con los alimentos**, deberán proyectarse y fabricarse de manera que:
  - o Sean fáciles de limpiar y desinfectar.

o Sean fáciles de desmontar, en caso necesario.

o Tengan superficies impermeables y no contaminantes.

o Disponer de un servicio y un programa escrito de mantenimiento.

- **Los equipos de control y vigilancia de los alimentos** (equipos utilizados para cocinar, aplicar tratamientos térmicos, enfriar, almacenar o congelar) deberán:

  o Estar proyectados conforme a los fines para los que fueron diseñados.

  o Permitir alcanzar, rápidamente las temperaturas deseadas.

  o Permitir mantener correctamente las temperaturas deseadas.

  o Permitir controlar y supervisar las temperaturas.

  Los equipos deben estar limpios y desinfectados

  o Permitir el mantenimiento de la atmósfera controlada.

  o Estar sometidos a mantenimiento y calibración por profesionales.

D. Recipientes para desechos y sustancias no comestibles o peligrosas

- **Los recipientes para desechos, subproductos y sustancias no comestibles** deberán:

  o Estar identificados.

  o Contenedores provistos de cierres.

  o Adecuadamente construidos, en buen estado, lavable y de material impermeable.

- **Los recipientes para sustancias peligrosas** deberán:

  o Estar claramente marcados.

  o Convenientemente separados, incluso si es necesario bajo llave.

E. Abastecimiento de agua

- **Abastecimiento de agua potable.** Requisitos:
  - o Adecuado volumen, temperatura y presión.
  - o Con instalaciones apropiadas para su almacenamiento, distribución y control de temperatura.
  - o Uso adecuado de un agente de tratamiento.

- **Sistemas de agua no potable.** Requisitos:
  - o Aislados de los del agua potable.
  - o No permitir reflujos.
  - o Perfectamente identificados.
  - o Evitar problemas de drenajes.

F. Desagües y eliminación de desechos

Los sistemas deberán:

- Prevenir la contaminación del agua y de los alimentos.
- Sistema separado de eliminación de efluentes de deshecho y del alcantarillado.
- Disponer de aberturas de eliminación, provistos de trampas.

G. Servicios de higiene y aseos del personal

Para asegurar la higiene del personal y evitar riesgos de contaminación, es necesario que:

- Exista una localización adecuada de los servicios de higiene y aseos.
- Existan vestuarios apropiados.
- Lavamanos adecuados (en locales de manipulación y en servicios higiénicos):
    o Apertura no manual.
    o Agua fría y caliente.
    o Agente de limpieza.
    o Sistema de secado.
- Inodoros de diseño higiénico y apropiado, sin acceso directo a la planta o instalaciones.

Es obligatorio disponer de agua caliente

H. Calidad del aire y ventilación

Deberán disponer de medios adecuados de ventilación natural o mecánica para:

- Reducir al mínimo la contaminación.
- Controlar la temperatura del ambiente.
- Controlar los olores.
- Controlar la humedad.

Anotación

Los sistemas de ventilación deberán proyectarse y construirse de manera que se puedan limpiar y mantener adecuadamente y que el aire no fluya nunca de zonas contaminadas a zonas limpias.

I. Iluminación

Deberán disponer de iluminación, natural o artificial, para la realización de las operaciones de manera higiénica.

- No debe dar lugar a colores falseados.
- La intensidad irá en función del tipo de operación que se realice en cada área.
- Puntos luminosos protegidos frente a roturas.

J. Almacenamiento

En caso necesario, se deberá disponer de lugares de almacenamiento para:
- **Alimentos:**
  o A temperatura controlada: en congelación, refrigeración, en caliente.
  o En atmósfera controlada.
- **Ingredientes.**
- **Productos químicos:**
  o De limpieza.
  o Lubricantes.
  o Combustibles.

Las instalaciones de almacenamiento de productos alimenticios deben proyectarse y construirse de manera que:

- Permitan un mantenimiento y limpieza adecuada.
- Eviten el acceso y anidamiento de animales.
- Permitan proteger los alimentos.
- Proporcionen condiciones necesarias de almacenamiento;
  o Temperatura.
  o Humedad.
  o Atmósfera controlada.

2.2. Guías de Prácticas Correctas de Higiene (GPCH) o Planes Generales de Higiene (PGH)

Son un conjunto de programas y actividades preventivas básicas, a desarrollar en todas las empresas alimentarias para la consecución de la seguridad alimentaria, que requieren de unos planes específicos que contemplan de manera documentada su responsable, procedimientos de ejecución, vigilancia, acciones correctoras y verificación.

Los planes generales de higiene son:

- Control del agua potable.
- Limpieza y desinfección.
- Control de plagas (desinsectación y desratización).
- Mantenimiento de instalaciones, equipos y útiles.
- Trazabilidad (o rastreabilidad de los productos).
- Formación de manipuladores.
- Control de proveedores.
- Buenas prácticas de fabricación.
- Eliminación de residuos.

Los seis primeros son obligatorios cuando se presenta la documentación para el Registro General Sanitario de Alimentos (inscripción inicial, convalidación, ampliación de actividad, etc.).

Los planes generales de higiene tienen detallar los siguientes datos:

- Responsable del plan.
- Procedimiento de ejecución: *quién* lo lleva a cabo, *cuándo* (frecuencia), *cómo* se ejecuta (con qué productos y medios), *dónde* se registran las actuaciones.
- Procedimiento de vigilancia y acciones correctoras: *quién* vigila la correcta ejecución del plan, *cuándo, cómo, dónde* se registran las actuaciones de vigilancia, *qué* acciones correctoras se adoptan, *cuándo* y *dónde* se registran.
- Procedimiento de verificación: *quién, cuándo* y *cómo* se verifica la eficacia del plan, *dónde* se registran las actuaciones de verificación.

3. Limpieza y desinfección. Higiene de los locales y equipos

El virus que causa el COVID-19 puede depositarse sobre las superficies. Es posible que las personas se infecten si tocan dichas superficies y luego se tocan la nariz, la boca o los ojos. En la mayoría de los casos, el riesgo de infección por tocar una superficie es bajo. La forma más segura de prevenir la infección a través de superficies contaminadas es a través del lavado de manos con agua y jabón o el uso de desinfectante de manos a base de alcohol de manera regular. La limpieza y desinfección de las superficies también puede reducir el riesgo de infección.

3.1. Terminología

- **Limpieza:** Eliminación de la suciedad de las superficies y material de modo que no sea apreciable visiblemente.
- **Desinfección:** Destrucción parcial de los microorganismos existentes.
- **Detergente:** Sustancia química utilizada para eliminar la suciedad y la grasa de una superficie antes de desinfectarla.

El manipulador debe asegurarse que todas las zonas están limpias

- **Desinfectante:** Sustancia química que reduce el número de bacterias nocivas hasta un nivel seguro (para no provocar intoxicación alimentaria).
- **Agente higienizante:** Combinación de detergente y desinfectante.

3.2. Programa de limpieza y desinfección

El proceso de higienización consiste en una limpieza seguida de desinfección. Sin una limpieza previa no puede existir una buena desinfección, ya que la suciedad sirve de sustrato a los microorganismos.

Existen seis fases básicas en toda operación de higienización:

1. **Pre-limpieza.** Eliminación grosera de la suciedad, grasa, embalajes, etc. Se realiza barriendo, baldeando con agua a presión, raspando, frotando, etc. En esta fase es conveniente dejar las superficies con la menor cantidad de materia orgánica posible para que en la siguiente fase los detergentes actúen correctamente y en el aclarado de los mismos no se produzcan muchas salpicaduras de materia orgánica de unas partes a otras.

2. **Limpieza principal.** Desunión de la grasa, la suciedad, etc. por medio de un detergente. En algunos casos es necesario ejercer una acción mecánica para la eliminación de dichos restos, normalmente mediante cepillos.

3. **Enjuagado.** Eliminación de toda la suciedad disuelta y del detergente empleado en la fase anterior. Esto es importante ya que no deben quedar restos que puedan entrar en contacto con los productos en el siguiente proceso de producción.

4. **Desinfección.** Destrucción de las bacterias mediante empleo de un desinfectante (siguiendo las instrucciones de uso para la dosis a aplicar). Tras la aplicación es necesario dejarlo actuar durante un tiempo determinado, que dependerá del tipo de desinfectante, de la concentración y de la temperatura y forma de aplicación.

5. **Enjuagado final.** Una vez transcurrido el tiempo de actuación del desinfectante, es preciso aclarar las superficies para evitar que los desinfectantes entren en contacto con los alimentos.

6. **Secado.** Con aire caliente o papel de un sólo uso.

Sugerencia

Se recomienda cambiar de desinfectantes periódicamente para evitar posibles resistencias o proliferación de un determinado grupo de microorganismos.

Si se emplea un agente higienizante (detergente que lleva incorporado cierta cantidad de desinfectante) las fases 2 y 4 son simultáneas. Este caso no suele dar los mismos resultados que la aplicación por separado de detergente y desinfectante.

La desinfección no debe practicarse sin una garantía de limpieza ya que:

- Los desinfectantes no pueden alcanzar a la mayoría de los microorganismos protegidos por las capas de suciedad.
- Restos de suciedad pueden alterar químicamente la acción desinfectante (se puede producir una inactivación del desinfectante, es decir, una pérdida de actividad).

En todo programa de higienización ha de planearse la frecuencia de limpieza, su profundidad, la naturaleza y la cantidad empleada de los agentes de limpieza y desinfección, el personal responsable de realizar esta tarea y el modo de supervisión y control de la eficacia del programa.

Una vez diseñado el programa (Plan General de Higiene de Limpieza y Desinfección), este ha de llevarse a cabo de una manera estricta.

Debe prestarse un gran cuidado en evitar que los agentes químicos empleados puedan contaminar los alimentos.

3.3. Productos de limpieza y desinfección

En cuanto a la elección de los productos a utilizar, las distintas casas comerciales ofrecen gran número de ellos, por lo que la decisión se hará basándose en el proceso general de limpieza que se haya implantado en la industria. Cada producto debe ir acompañado de una ficha técnica donde se recomienda, entre otras cosas, la dosis en la que debe utilizarse, la temperatura y el tiempo de contacto.

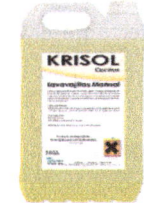

Cada producto debe tener una ficha técnica

El cloro y los compuestos clorados son los desinfectantes más utilizados ya que son activos frente a gran variedad de bacterias y virus. Se presenta bajo la forma de hipoclorito sádico (lejía). Es importante que se emplee lejía apta para uso alimentario (debe esta impresa en la etiqueta la leyenda "Apta para la desinfección del agua de bebida").

CONCETRACIÓN DE LA LEJÍA EN GR. DE CLORO POR LITRO (Dato que figura en el envase)	CANTIDAD DE AGUA A CLORAR (litros)			
	2	4	8	16
Lejía de 40 gr. de cloro/litro	10 gotas	1 c.c.	2 c.c.	4 c.c.
Lejía de 80 gr. de cloro/litro	5 gotas	10 gotas	1 c.c.	2 c.c.
Lejía de 100 gr. de cloro/litro	4 gotas	8 gotas	16 gotas	32 gotas

Los desinfectantes deben estar inscritos en el Registro de Plaguicidas ("Nº AA20-XXXXX-HA") y ser aplicados por personal especializado. Esto no afecta a las lejías, ya que hay una normativa específica para ellas.

Sugerencia

Las soluciones desinfectantes deben prepararse en el momento de su uso para que no pierdan eficacia.

Dejar las fregonas a remojo en una solución desinfectante durante la noche no es tan buena idea como parece, pues las bacterias pueden sobrevivir en esta disolución desinfectante envejecida, crecer incluso y ser distribuidas por todo el local cuando la fregona se utilice de nuevo.

Es necesario desinfectar:

- **Todas las superficies en contacto con las manos:** Cuchillos, vajilla, herramientas manuales, etc.) y todo aquello que tocan las manos durante el trabajo, sobre todo los aseos.
- **Todas las superficies en contacto con los alimentos** en todas las fases de almacenamiento, preparación, cocinado y presentación.
- **Todo el equipo:** Todas las piezas del equipo han de ser desinfectadas periódicamente y no sólo después de usarlas.

- **Las manos de los manipuladores.** El manipulador de alimentos debe asegurarse de que sus manos están desinfectadas durante el trabajo diario, especialmente cuando cambia de actividad. Un simple lavado no es suficiente.

No olvide que las fregonas y cepillos también deben ser lavados, desinfectados y dejados a secar tras su uso.

4. Control de plagas

Un animal – plaga es un animal que vive en el alimento o sobre el alimento y que causa su deterioro, merma, alteración, contaminación o que simplemente es molesto, de una u otra manera.

Las plagas más comunes que podemos encontrar en las industrias alimentarias son:

- Roedores, tales como ratas y ratones.
- Insectos, como moscas, cucarachas, hormigas e insectos de alimentos almacenados.
- Pájaros, como palomas y gorriones.

Todos ellos causan la alteración o la contaminación de los alimentos o son generalmente un fastidio si se les permite sobrevivir en el establecimiento alimentario.

Es importante que se sepan identificar los signos que revelan la presencia de estos animales; entre ellos están:

- Sus cuerpos vivos o muertos.
- Los excrementos de los roedores.

- La alteración de los sacos o envases, cajas, etc., causada por ratones y ratas al roerlos.
- La presencia de alimento derramado cerca de sus envases, que mostrarían que las plagas los han dañado.
- Las manchas grasientas que producen los roedores alrededor de las cañerías.

Ejemplos de especies animales-plaga que se pueden presentar en la industria alimentaria

4.1. Necesidad de controlar las plagas

Siempre que hay plagas en los locales de manipulación de alimentos existe un riesgo grave de contaminación y alteración de los alimentos y de enfermedades de origen alimentario, ya que son portadoras de muchas bacterias causantes de enfermedades (*salmonelosis*, peste, triquinosis, etc.).

Debemos controlar las plagas para prevenir la diseminación de enfermedades, para impedir la pérdida de alimentos por alteración y para cumplir la ley (Plan General de Higiene de Control de Plagas).

Como ocurre con el resto de formas de vida, los animales – plaga necesitan alimento, refugio y seguridad para poder sobrevivir. Actuando sobre estos factores, podemos impedir que las plagas alcancen nuestro local. Los dos modos más importantes de controlar las plagas de los alimentos son impedir su acceso a los locales y evitar que puedan obtener alimento y refugio.

Los roedores pueden encontrar refugio en muchas partes de la cocina

4.2. Cómo controlar las plagas

Antes de examinar los modos de controlar las plagas, analicemos los sitios en los que estas pueden morar. Estos animales buscan lugares cálidos y recogidos donde no sean molestados, por lo que se suelen instalar en aquellas áreas de almacenamiento que contienen artículos que no se utilizan frecuentemente:

- Almacenes para equipos de limpieza.
- Almacenes de alimentos.
- Lugares de almacenamiento del equipo que espera ser reparado.

Cualquier lugar que no se mantiene limpio y ordenado de forma regular:

- Edificaciones abandonadas, sótanos, etc.
- Los cobertizos.
- Los rincones de instalaciones antiguas que se usan para acumular cosas.

Una zona obviamente propicia es el lugar donde se acumula la basura y la zona donde van a parar las aguas residuales, especialmente si no se mantienen desinfectadas y limpias de manera periódica. También existe un gran riesgo de atraer plagas a las instalaciones alimentarias si cerca de ellas abunda la maleza.

Es importante echar un vistazo alrededor de las instalaciones para ver si hay algo que pueda resultar atractivo para los insectos, los roedores o los pájaros.

1. Medidas para impedir a las plagas el acceso a las instalaciones

- Establecer unos programas de limpieza y desinfección completos y sistemáticos, tanto en los locales de manipulación de alimentos como en las áreas colindantes.
- Instalar una tela de malla lavable en todas las ventanas.
- Desarrollar un programa de inspección periódico y subsanar rápidamente cualquier fallo.
- Instalar lámparas ultravioletas de destrucción de insectos.
- Asegurarse de que todas las cañerías, cables, etc. que penetran en la instalación se encuentran completamente selladas. Un ratón cabe por un orificio tan pequeño como el realizado por un lápiz sobre una hoja de papel.
- Asegurarse de que las puertas cierran correctamente y que muestran rendijas por donde las plagas pudieran penetrar. Recubra el zócalo de las puertas de salida con planchas de metal duro (las ratas pueden roer planchas delgadas de metales blandos para entrar en la instalación).

2. Medidas para evitar que las plagas obtengan alimento y refugio

- Asegurarse de que las instalaciones de manipulación de alimentos y las zonas de almacenamiento de basuras se mantienen siempre limpias, ordenadas y se desinfectan regularmente.
- Recoger los alimentos derramados sobre el suelo lo antes posible.
- Almacenar los alimentos separados del suelo y las paredes para facilitar una inspección fácil y regular.

- Almacenar siempre los alimentos en recipientes cerrados (preferiblemente de metal) y asegurarse de que coloca la tapa tras su uso.

En el caso de que fallen las medidas preventivas y de control adoptadas para impedir la llegada de plagas a la planta, es necesario aplicar medidas de lucha para eliminarlas. Estas acciones sólo podrán realizarlas aquellas empresas especializadas en el control de plagas que se encuentren inscritas en el Registro de Establecimientos y Servicios Plaguicidas. Dichas empresas expedirán un certificado en el que se especifique:

- **Diagnosis:** Especie responsable de la plaga, cantidad, origen de la presencia, distribución y extensión y medidas correctoras recomendadas.
- **Tratamiento químico:** Deberá especificar el plaguicida utilizado, su número de registro ("AA-FF-XXXXX-HA") y cantidad, plazo de seguridad y fecha, hora y firma del responsable de la aplicación.

Se deberán tomar medidas preventivas para que no se produzca la intoxicación de personas ni animales a los que no vaya dirigido el tratamiento. Entre estas destacamos:

- Portacebos y trampas señalizados y etiquetados, en los que no se pueda acceder al producto por personas no autorizadas.
- Colocación lejos del alcance de los niños o animales domésticos.
- Señalización en un plano de las instalaciones del lugar concreto donde se han colocado.

5. Manejo de residuos

La disposición y el almacenamiento de la basura en general no es objeto de gran interés cuando se diseña la planta. Sin embargo, gran número de brotes de intoxicación alimentaria se deben a una disposición inadecuada de los desperdicios.

Los contenedores utilizados para almacenar la basura deben estar construidos con un material fácilmente lavable y desinfectable, y no deben ser excesivamente grandes para que la basura no se acumule durante un periodo de tiempo excesivo. Los contenedores empleados fuera de los locales de manipulación de alimentos deben situarse en una plataforma elevada y con una tapa apropiada para impedir el acceso a animales, roedores, insectos y pájaros, ya que estos actúan como transmisores de los microorganismos perjudiciales.

Ejemplo de cubo de basura con tapa

 Anotación

Tanto los contenedores internos como los externos han de poseer una tapa que asegure el cierre apropiado.

Todos los contenedores usados para almacenar basura deben ser vaciados regularmente. Es más higiénico utilizar, además, bolsas en el interior del contenedor, que puedan ser atadas de forma segura una vez estén medio llenas. Esto reduce el riesgo de que el contenido se derrame. Este tipo de accidentes causa un buen número de toxiinfecciones debido a la tendencia de los manipuladores de alimentos a recoger simplemente la basura que se ha caído sin lavarse las manos después o sin pensar que las bacterias se han podido transferir a sus vestimentas.

 **Importante**

Los manipuladores deben lavarse las manos siempre después de manipular desperdicios y basuras.

6. La responsabilidad de la empresa en cuanto a la prevención de enfermedades de transmisión alimentaria

Las empresas del sector alimentario tienen la obligación de desarrollar sistemas de autocontrol, los cuales se componen de dos apartados: Planes Generales de Higiene (PGH) y el Plan APPCC (Análisis de Peligros y Puntos de Control Críticos).

El APPCC no es más que un sistema de control lógico y directo de aseguramiento de la calidad basado en la prevención de problemas que puedan disminuir la calidad sanitaria de un alimento.

De una forma breve, se puede decir que para aplicar el APPCC son precisas una serie de etapas:

- Observar el proceso productivo de principio a fin.
- Decidir dónde pueden aparecer peligros.
- Establecer los controles y vigilarlos.
- Escribirlo todo y guardar los registros.
- Asegurarse de que sigue funcionando eficientemente.

6.1. Conceptos

- **Peligro:** Característica biológica, química o física que puede causar que el alimento no sea seguro para el consumo. Agente biológico, químico o físico o propiedad de un alimento capaz de provocar un efecto nocivo para la salud.

Símbolo de peligro

- **Punto Crítico de Control (PCC):** Es un lugar, una práctica, un procedimiento o un proceso en el que puede ejercerse control sobre uno o más factores que, si son controlados, podrían eliminar o reducir a niveles aceptables un riesgo que puede afectar a la salubridad y seguridad del alimento. Algunos ejemplos de PCC:

o   Tratamientos térmicos: cocinado, esterilización, pasteurización.
o   Envasado hermético.
o   Conservación: refrigeración, congelación.
o   Desecación o deshidratación.
o   Higiene de los manipuladores.
o   Limpieza y desinfección de utensilios e instalaciones.

6.2. Principios básicos del APPCC

1. **Identificar los posibles peligros**, evaluando su gravedad y la probabilidad de que puedan ocurrir en cada una de las fases del proceso, y determinar las medidas preventivas para su control.
2. **Identificar los puntos de control críticos (PCC)** del proceso usando un árbol de decisiones, es decir, determinar los puntos, procedimientos, fases o pasos que pueden ser controlados para que un peligro pueda ser eliminado o reducida la probabilidad de su presentación.
3. **Establecer el límite crítico** (para un parámetro determinado, en un punto concreto y en un alimento en concreto), es decir, los criterios que deben cumplirse y que nos aseguran que un PCC está bajo control.
4. **Establecer un sistema de vigilancia** (incluyendo pruebas u observaciones programadas o planificadas) que permita comprobar que cada PCC a controlar funciona correctamente.
5. **Establecer acciones correctoras** a poner en funcionamiento cuando la vigilancia indica que un PCC determinado está fuera de control.
6. **Establecer el sistema de documentación** de todos los procedimientos y los registros apropiados para estos principios y su aplicación.
7. **Establecer procedimientos para la verificación** que incluyan pruebas y procedimientos suplementarios apropiados, que confirmen que el sistema APPCC está funcionando correctamente.

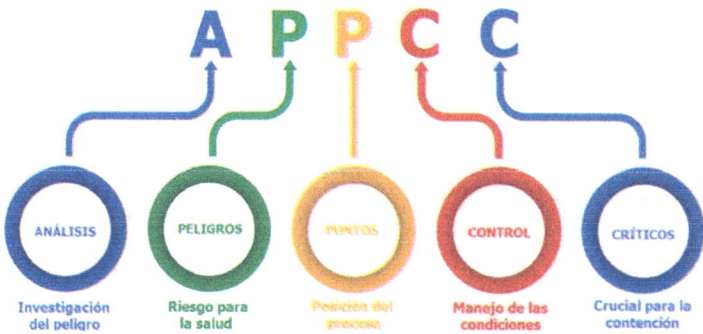

Sistema APPCC

Justificación de las siglas del sistema APPCC

6.3. Ejemplo de aplicación del APPCC

1. Análisis de los peligros potenciales en las distintas operaciones

FASE	PELIGRO	MEDIDA PREVENTIVA
Recepción de materias primas, aditivos, envases y embalajes...	Materias primas contaminadas con microorganismos fitosanitarios metales...	Exigencias al proveedor según legislación vigente y/o calidad concertada con el proveedor
Almacenamiento en refrigeración de materias primas	Crecimiento de microorganismo por incorrecta temperatura	Mantenimiento preventivo de los equipos de frío. Control de la temperatura de almacenamiento
Proceso de fabricación (por ejemplo, cocción)	Supervivencia de microorganismos patógenos	Cocción a fondo, controlando la relación temperatura/tiempo
Llenado y cierre de los envases	Contaminación a partir de los manipuladores, ambiente...	Cumplimiento de las buenas prácticas de manipulación por parte de los manipuladores y cumplimiento de los requisitos higiénico-sanitarios

2. Determinación de los puntos críticos

Para conocer si una etapa se corresponde con un Punto Crítico de Control deberemos aplicar el árbol de decisiones que se expone en la figura.

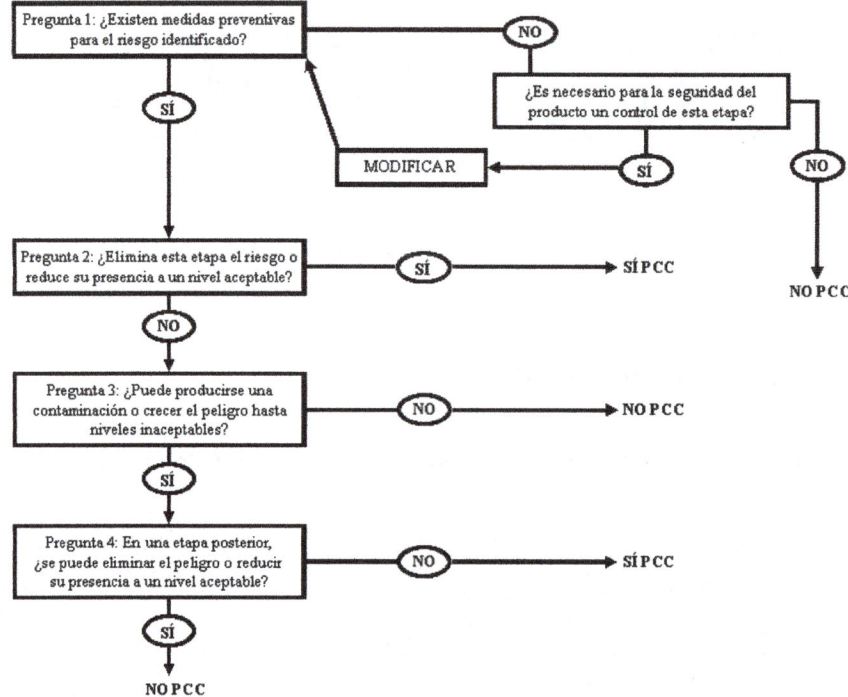

Árbol de decisiones

 **Ejemplo**

En los alimentos refrigerados la temperatura de conservación es entre 0 y 4º C. Si sube esta temperatura, puede aparecer la multiplicación de microorganismos. Si aplicamos el árbol de decisión, comprobaremos que si el alimento posteriormente no va a tener un tratamiento culinario que destruya los gérmenes (por ejemplo, la cocción), la refrigeración para nosotros será un PCC, ya que si no controlamos la temperatura y sube de 4º C el alimento será peligroso. Por el contrario, si este alimento va a pasar por una etapa posterior que pueda destruir los microorganismos, no estaremos ante un PCC.

3. Definición de los límites críticos

Se trata de especificar los criterios que indican si una operación está bajo control en un determinado PCC.

Estos criterios son los límites especificados de características de naturaleza física (por ejemplo, tiempo o temperatura), química (por ejemplo, sal o ácido acético) o biológica (por ejemplo, sensorial o microbiología).

El límite crítico de la temperatura en la conservación en refrigeración es 4º C.

4. Establecer un sistema de vigilancia que permita comprobar que cada PCC a controlar funciona correctamente

Consiste en averiguar que un procedimiento de procesado o manipulación en cada PCC se lleva a cabo correctamente y se halla bajo control. Supone la observación, la medición y/o el registro de los factores significativos necesarios para el control. Deben permitir que se tomen acciones para rectificar una situación que está fuera de control.

FASE	PROCEDIMIENTOS DE VIGILANCIA
Recepción de materias primas, aditivos, envases y embalajes, etc.	Control de la documentación de suministro del proveedor. Inspección visual de los productos. Medición de la temperatura.
Almacenamiento en refrigeración de materias primas	Control periódico de la temperatura de las cámaras y de los productos.
Proceso de fabricación (por ejemplo, cocción)	Control del proceso. Medida de la temperatura en el centro del producto.
Llenado y cierre de los envases	Inspección del envase lleno.

5. Establecer acciones correctoras a poner en funcionamiento cuando la vigilancia indica que un PCC determinado está fuera de control

Debe aplicarse la acción correctora que sea necesaria cuando los resultados de la comprobación indiquen que un determinado PCC no se encuentra bajo control.

FASE	MEDIDAS CORRECTORAS
Recepción de materias primas, aditivos, envases y embalajes, etc.	Rechazo/devolución. Cambio de proveedor si procede
Almacenamiento en refrigeración de materias primas	Comprobación de equipos. Rechazo si procede
Proceso de fabricación (por ejemplo, cocción)	Reprocesamiento/rechazo
Llenado y cierre de los envases	Reprocesamiento/rechazo. Comprobación de equipos

6. Comprobar que el sistema APPCC funciona correctamente

Consiste en la confirmación que sea necesaria cuando los resultados de la comprobación indiquen que un determinado PCC no se encuentra bajo control.

7. Establecer un sistema de documentación de todos los procedimientos y los registros

Establecimiento de un archivador donde se mantengan los procedimientos, así como los registros de controles, incidencias y acciones correctoras.

6.4. Responsabilidad de la empresa con relación a los manipuladores de alimentos

El 19 de febrero de 2010 se publicó el **Real Decreto 109/2010, de 5 de febrero,** por el que se modifican diversos reales decretos en materia sanitaria para su adaptación a la Ley 17/2009, de 23 de noviembre, sobre el libre acceso a las actividades de servicios y su ejercicio, y a la Ley 25/2009, de 22 de diciembre, de modificación de diversas leyes para su adaptación a la Ley 17/2009, de 23 de noviembre, sobre el libre acceso a las actividades de servicios y su ejercicio.

Esta norma deroga expresamente el Real Decreto 202/2000, de 11 de febrero, por el que se establecen las normas relativas a los manipuladores de alimentos.

La derogación de dicho Real Decreto no disminuye el control oficial en la manipulación de los alimentos, sino que lo armoniza con el resto de las actividades de control y le dota de mayor coherencia con la legislación comunitaria en vigor. Por ello, la medida revierte en beneficio de una mayor eficiencia y eficacia en la seguridad de las prácticas relativas a la comercialización de alimentos.

La formación es un instrumento importante para garantizar una aplicación efectiva de las prácticas correctas de higiene y debe responder a necesidades concretas de cada empresa alimentaria. Sus objetivos son:

- Cumplir la legislación vigente en materia de formación a los trabajadores.
- Mejorar los hábitos de los manipuladores, mediante Prácticas Correctas de Higiene.
- Mantener a los trabajadores actualizados en los contenidos de los últimos cambios normativos y/o tecnológicos.

Actualmente, el marco legal de aplicación en relación con los manipuladores de alimentos es:

- El **Reglamento (CE) 852/2004 del Parlamento Europeo y del Consejo, de 29 de abril de 2004,** relativo a la higiene de los productos alimenticios.

Concretamente, en el Capítulo VIII del Anexo II establece las condiciones de higiene personal de los trabajadores, y en el Capítulo XII del mismo Anexo II hace referencia a la formación que deben recibir los manipuladores de productos alimenticios.

• El **Reglamento (CE) 882/2004 del Parlamento Europeo y del Consejo, de 29 de abril de 2004,** sobre los controles oficiales efectuados para garantizar la verificación del cumplimiento de la legislación en materia de piensos y alimentos y la normativa sobre salud animal y bienestar animal. Entre otros controles oficiales, se incluyen: la inspección de empresas alimentarias y de productos alimenticios, siendo necesario comprobar las condiciones de higiene y evaluar los procedimientos de buenas prácticas de fabricación y manipulación, al objeto de garantizar el objetivo de este reglamento ("prevenir, eliminar o reducir a niveles aceptables cualquier riesgo en la seguridad alimentaria").

En este contexto, nos vamos a centrar en el Reglamento (CE) 852/2004, al ser el marco legal de aplicación en relación con los trabajadores de las empresas alimentarias.

En el Capítulo XII del anexo II de dicho Reglamento se establece:

Los operadores de empresa alimentaria deberán garantizar:

1) La supervisión y la instrucción o formación de los manipuladores de productos alimenticios en cuestiones de higiene alimentaria, de acuerdo con su actividad laboral.

2) Que quienes tengan a su cargo el desarrollo y mantenimiento del procedimiento basado en los principios de APPCC (Artículo 5) o la aplicación de las guías de prácticas correctas de higiene hayan recibido una formación adecuada en lo tocante a la aplicación de los principios del APPCC.

3) El cumplimiento de todos los requisitos de la legislación nacional relativa a los programas de formación para los trabajadores de determinados sectores alimentarios.

El objetivo de este documento es facilitar a las empresas alimentarias orientaciones en el ámbito de los tres puntos establecidos en el campo de la formación.

A. Los operadores de empresa alimentaria deberán garantizar la supervisión y la instrucción o formación de los manipuladores de productos alimenticios en cuestiones de higiene alimentaria, de acuerdo con su actividad laboral

Es responsabilidad de las empresas alimentarias garantizar que el personal dispone de una formación adecuada a su puesto de trabajo.

A su vez, las empresas alimentarias, para poder proporcionar las garantías de que no comercializan alimentos que no son seguros, deben implantar sistemas de autocontrol basados en el análisis de peligros y puntos de control críticos (APPCC). En estos sistemas de autocontrol deben incluir la planificación de la formación que tienen establecida para los manipuladores de la empresa alimentaria.

La aplicación desde el 1 de enero de 2006 de la normativa comunitaria en materia de higiene de los alimentos, y en particular del Reglamento (CE) nº 852/2004, establece la importancia de que el personal que manipula alimentos disponga de una formación adecuada a su puesto laboral.

La **formación de los manipuladores** podrá ser impartida por:

- La propia empresa alimentaria.
- Empresas o entidades formadoras (reconocidas o no reconocidas por organismos oficiales).
- Centros o escuelas de formación profesional o educacional reconocidos por organismos oficiales (dentro de la formación reglada).

Esto significa que cuando la propia empresa alimentaria no se encuentre capacitada para formar a sus trabajadores en materia de higiene alimentaria, o decida no formar directamente a su personal, esta formación puede ser adquirida en alguna entidad o empresa externa (asociaciones, empresas de formación etc.) que les ofrezcan garantías. La formación debe ser adaptada a cada empresa alimentaria según las necesidades detectadas, y así se debe transmitir por el responsable de la empresa a la entidad formadora que la imparta, o bien formar por sí misma a sus trabajadores en materia de higiene alimentaria.

Para cumplir con este punto A, la empresa alimentaria deberá supervisar la actividad de los manipuladores y también deberá instruir o formar a dichos trabajadores en cuestiones de higiene alimentaria de acuerdo con su actividad laboral.

Cabe interpretar que la instrucción y la formación son vías igualmente eficientes para alcanzar los objetivos de higiene, y que ambas vías deben ser adecuadas al puesto de trabajo específico del manipulador. Es la empresa alimentaria quien tiene que decidir, de acuerdo con la actividad laboral de cada trabajador, qué vía cumple el objetivo en cada caso.

Además, los operadores de empresas alimentarias asumen la responsabilidad de la instrucción o formación continua de sus trabajadores y deberán realizar una revisión y actualización de sus conocimientos en esta materia cuando existan cambios tecnológicos, estructurales o de producción.

Anotación

Las empresas de alimentación deben detectar las necesidades de formación de su personal. Para ello, supervisarán las manipulaciones realizadas por sus trabajadores, detectando malas prácticas o prácticas incorrectas de higiene. Estas actuaciones las llevarán a cabo en el marco del autocontrol implantado en su establecimiento.

La revisión o actualización de la formación debe orientarse a la corrección de las prácticas incorrectas de higiene detectadas, y siempre a reforzar las buenas prácticas de higiene generales y la formación específica para cada puesto de trabajo.

La formación debe dar respuesta a las necesidades concretas de cada empresa alimentaria, y su objetivo fundamental debe ser inculcar a los manipuladores prácticas correctas de higiene, además de mantenerles actualizados en los contenidos de los últimos cambios normativos.

En el programa de formación (prerrequisito del programa de autocontrol) se establecerán las actividades formativas previstas, los contenidos a desarrollar, la frecuencia prevista, los requisitos de formación o instrucción para la incorporación de un nuevo manipulador a la empresa alimentaria o para un cambio en el puesto de trabajo y las medidas correctoras previstas ante la detección de malas prácticas de higiene.

Cabe la posibilidad de que los manipuladores se formen o instruyan por su cuenta, acudiendo a entidades o a través de sus propios medios; en este caso la empresa tendrá que valorar si la formación que justifica el manipulador es adecuada o no para el puesto de trabajo que va a desempeñar.

Recuerda

La acreditación de la formación se podrá realizar en cualquier formato, debiendo la empresa poder acreditar que cada uno de sus trabajadores concretos ha recibido instrucción o formación en cuestiones de higiene alimentaria de acuerdo con su actividad laboral concreta.

De la actualización de la formación quedará constancia documental en el programa de autocontrol, con la valoración de dicha formación. Quedará constancia documental de los aspectos relevantes que la empresa alimentaria ha incluido en el programa de actualización de la formación y/o instrucción de sus manipuladores.

La duración de esta actualización será igualmente establecida por la empresa alimentaria, siguiendo los principios del autocontrol, de forma que la empresa establezca una duración efectiva que cubra las necesidades detectadas. Los Servicios Oficiales comprobarán si la formación ha sido adecuada o no, mediante la supervisión de las prácticas correctas de higiene desarrolladas por los manipuladores, de forma que, si detectan prácticas incorrectas, emplazarán al responsable de la empresa o del autocontrol a que actualice la formación del manipulador (o los manipuladores, según sea el caso) que ha efectuado malas prácticas. Los Servicios Oficiales comprobarán documentalmente la planificación de la formación que los operadores de empresa alimentaria han definido en sus programas de autocontrol.

El control oficial se orienta hacia la responsabilidad de las empresas alimentarias. Para ello, se comprobará que el trabajador aplica correctamente las buenas prácticas de manipulación y se verificará que la empresa garantiza que el manipulador conoce dichas prácticas, que supervisa su cumplimiento y que corrige las desviaciones que puedan detectarse. En consecuencia, el control oficial se orientará a comprobar que los manipuladores ejercen su actividad adecuadamente en lo que concierne a la higiene alimentaria y a comprobar la forma como el operador económico supervisa que la instrucción o formación recibida se aplica correctamente.

De este modo, el enfoque en la nueva situación se incluye en la evaluación del sistema de autocontrol del establecimiento. El control oficial evaluará la capacitación de los trabajadores de igual forma que el resto de prerrequisitos exigidos.

legislación

Aparte de dicho enfoque general, desarrollado en este punto, el Reglamento (CE) 852/2004 del Parlamento Europeo y del Consejo, de 29 de abril de 2004 menciona dos situaciones en que la simple instrucción no resultaría suficiente para garantizar que el trabajador dispone de la capacitación requerida para llevar a cabo su actividad:

- El personal encargado de llevar a cabo las actividades relativas al procedimiento basado en los principios del APPCC de la empresa. En este caso deberá acreditarse haber recibido formación específica en la materia.
- Los puestos de trabajo para los que existe una cualificación profesional prevista en la legislación. En este caso la formación que deberá acreditarse será la propiamente establecida para la cualificación profesional.

Los requisitos de formación en ambos casos son adicionales, pero igualmente deben estar sometidos a las actividades de supervisión que debe ejercer la empresa alimentaria.

B. Que quienes tengan a su cargo el desarrollo y mantenimiento del procedimiento basado en los principios de APPCC (Artículo 5) o la aplicación de las guías de prácticas correctas de higiene hayan recibido una formación adecuada en lo tocante a la aplicación de los principios del APPCC

La formación del personal al que se refiere el punto B, al igual que el resto, puede llevarse a cabo de diferentes maneras, lo que incluye la formación interna, la organización de cursos de formación, campañas de información de organizaciones profesionales o de las autoridades competentes, guías de prácticas correctas, etc.

El operador de la empresa alimentaria deberá asegurarse de que este personal está al corriente de los peligros identificados (de haberlos), los puntos críticos del proceso de producción, almacenamiento, transporte o distribución, las medidas correctoras, las medidas preventivas y los procedimientos de documentación aplicables en su empresa.

Los distintos sectores de la industria alimentaria deberán esforzarse por elaborar guías (genéricas) y material de formación sobre el APPCC para los operadores de empresas alimentarias.

El éxito de la aplicación de procedimientos basados en los principios de APPCC requerirá el compromiso y la cooperación plena de los trabajadores del sector alimentario. A tal fin, el personal debe recibir formación y es responsabilidad de las empresas alimentarias garantizar que los trabajadores dispongan de una formación adecuada a su actividad laboral.

El sistema de APPCC es un instrumento para ayudar a lograr un nivel más elevado de seguridad alimentaria. No obstante, no debe considerarse un método de autorregulación ni debe sustituir los controles oficiales. En lo que respecta a la formación del personal sobre el APPCC en pequeñas empresas, debe tenerse en cuenta que esta formación debe ser proporcional al tamaño y a la naturaleza de la empresa y estar relacionada con la manera en que se aplica el

APPCC en la empresa alimentaria. Si se utilizan guías de prácticas correctas de higiene y para la aplicación de los principios del APPCC, la formación deberá tener como objetivo familiarizar al personal con el contenido de estas guías. En caso de que se permita en determinadas empresas alimentarias que la seguridad alimentaria se consiga mediante la aplicación de requisitos previos, la formación deberá adaptarse a esta situación.

A título orientativo, en función del tipo de establecimiento y tipo de actividad, y sin menoscabo de las vías no formales de formación, cabría tener en cuenta la existencia de la formación correspondiente a enseñanzas universitarias o a los niveles de cualificación de nivel 4 o superior de las cualificaciones profesionales establecidas en aplicación de la Ley 5/2002 por el Real Decreto 1128/2003, en cuyo currículo figure específicamente formación sobre la aplicación de los principios del APPCC. Por lo que respecta al nivel 3 o de técnico superior, podría considerarse a los efectos de la formación adecuada para el mantenimiento de un sistema APPCC, pero no su diseño o preparación.

No obstante, se debe contemplar la debida adecuación al puesto de trabajo, así como la revisión y actualización de sus conocimientos en esta materia cuando existan cambios tecnológicos, estructurales o de producción, llevándose a cabo el debido seguimiento o vigilancia.

C. El cumplimiento de todos los requisitos de la legislación nacional relativa a los programas de formación para los trabajadores de determinados sectores alimentarios

---

Esto conlleva que el titular del establecimiento habrá de conocer y respetar la normativa que el ordenamiento nacional establezca a tal efecto. Debe tenerse en cuenta, que la legislación nacional está constituida por la suma de disposiciones que provenientes de distintas fuentes normativas tienen fuerza de obligar a nivel estatal. A tal efecto, las normas jurídicas de origen comunitario, estatal, autonómico o local constituyen la legislación nacional.

Es decir, si existiera normativa específica comunitaria, nacional, autonómica o local, el operador económico deberá respetar lo allí establecido en aquello que resulte de obligado cumplimiento.

Ello no significa que en todas y cada una de las fuentes del ordenamiento jurídico se tengan que tener establecidas disposiciones específicas en materia de manipuladores de alimentos; pero cuando esta regulación se produzca, en la medida que le afecte, el operador económico vendrá obligado al cumplimiento de los requisitos que en la misma se establezca.

6.5. Etiquetado de sustancias que causan alergias e intolerancias

La mayoría de las personas pueden comer una gran variedad de alimentos sin problemas. No obstante, para un pequeño porcentaje de la población hay determinados alimentos o componentes de los mismos que pueden provocar reacciones adversas. Las personas con alergias graves deben ser extremadamente cuidadosas con los alimentos que consumen.

Las reacciones adversas a los alimentos pueden deberse a una alergia alimentaria o a una intolerancia alimentaria.

Los alérgenos alimenticios más comunes son la leche de vaca, los huevos, la soja, el trigo, los crustáceos, las frutas, los cacahuetes y los frutos secos, como las nueces.

En las personas con alergias alimentarias el sistema inmune reacciona contra ciertas sustancias presentes en los alimentos y que reciben el nombre de alérgenos.

Las alergias pueden producir picores, estornudos e incluso un shock anafiláctico

La **intolerancia alimentaria** se da cuando el cuerpo no puede digerir correctamente un alimento o uno de sus componentes. Aunque puede tener síntomas similares a los de una alergia, el sistema inmunológico no interviene en las reacciones que se producen de la misma manera.

Las exigencias sobre la declaración de sustancias susceptibles de causar alergias e intolerancias, recogidas en el Real Decreto 1334/1999, cuya última modificación la constituye el Real Decreto 1245/2008, fueron sustituidas a partir del 13 de diciembre de 2014 por el Reglamento (UE) nº 1169/2011, sobre la información alimentaria facilitada al consumidor.

En el caso de que el producto contenga alguna de las sustancias incluidas en el anexo II del citado Reglamento, esta deberá destacarse en la lista de ingredientes mediante una composición tipográfica distinta. En el caso de alimentos que no requieren lista de ingredientes, esta información irá precedida de la palabra "contiene".

A partir del 13 de diciembre de 2014, las empresas deberán informar la presencia de las sustancias enumeradas en el anexo II también en los alimentos que se presentan sin envasar, o se envasan en el punto de venta para su venta inmediata o a petición del comprador.

Son 14 grupos de sustancias o productos los que causan alergias e intolerancias y sobre cuya presencia en los alimentos deberá informarse (anexo II Reglamento 1169/2011):

- Cereales que contengan gluten (trigo, centeno, cebada, avena, espelta, kamut o sus variedades híbridas).
- Crustáceos.
- Huevos.
- Pescado.
- Cacahuetes.
- Soja.
- Leche.
- Frutos con cáscara: almendras, avellanas, nueces, anacardos, pacanas, nueces de Brasil, pistachos o alfóncigos, macadamias o nueces de Australia.
- Apio.
- Mostaza.
- Sésamo.
- Dióxido de azufre y sulfitos.
- Moluscos.
- Altramuces.

Resumen

El principal responsable de los casos de toxiinfección alimentaria es siempre el personal que manipula los alimentos.

La responsabilidad del manipulador es enorme con respecto a la transmisión de enfermedades a los potenciales usuarios de los servicios de alimentación, pero también se pueden contagiar los propios manipuladores de alimentos, por lo que la higiene cobra sentido e importancia en ambas direcciones.

La limpieza es la eliminación de la suciedad de las superficies y material de modo que no sea apreciable visiblemente. La desinfección es la destrucción parcial de los microorganismos existentes.

Un animal-plaga es un animal que vive en o sobre el alimento y causa su merma, alteración, contaminación o es molesto de algún modo.

La disposición y almacenamiento de la basura en general no es objeto de gran interés cuando se diseña la planta. Sin embargo, gran número de brotes de intoxicación alimentaria se deben a una disposición inadecuada de los desperdicios.

Las empresas del sector alimentario tienen la obligación de desarrollar Sistemas de Autocontrol, los cuales se componen de dos apartados: Planes Generales de Higiene (PGH) y el Plan APPCC (Análisis de peligros y puntos de control críticos).

Glosario

Alergénico

Sustancia que puede provocar una reacción alérgica en personas sensibles y que debe estar claramente indicada en el etiquetado del alimento.

Alimento alterado

Alimento que, durante su obtención, preparación, manipulación, almacenamiento o tenencia, y por causas no provocadas deliberadamente, haya sufrido tales variaciones en sus caracteres organolépticos, composición química o valor nutritivo, que su aptitud para la alimentación haya quedado anulada o sensiblemente disminuida, aunque se mantenga inocuo.

Control de la calidad de los alimentos

Todas las medidas necesarias para proteger la calidad y la inocuidad de los alimentos en la cadena de producción y recolección, desde la elaboración y el almacenamiento hasta la comercialización y la preparación de los alimentos para su consumo. En términos generales, se refiere a los esfuerzos voluntarios de la industria y el comercio de alimentos.

Liofilización

Procedimiento mediante el cual se extrae la humedad contenida en los alimentos por congelación rápida y sublimación al vacío.

Puntos críticos de control

Puntos, operaciones o etapas que requieren de un control eficaz para eliminar o reducir, hasta niveles aceptables, un peligro para la seguridad alimentaria. Son claves a la hora de saber, en cada caso, cuáles son los riesgos y qué medidas se han de tomar.

U. A. 3. Prevención de enfermedades de transmisión alimentaria

Ejercicios de autoevaluación

1. ¿Qué es la destrucción parcial de los microorganismos existentes?

    a. Limpieza.

    b. Desinfección.

    c. Esterilización.

2. ¿Cuántas son las fases básicas en toda operación de higienización?

    a. Seis.

    b. Cuatro.

    c. Tres.

3. ¿Cuál de los siguientes es un principio básico del APPCC?

    a. Enjuague.

    b. Desinfección.

    c. Establecer el límite crítico.

4. ¿Cuál de los siguientes es uno de los síntomas más comunes que se pueden producir por una alergia?

    a. Shock anafiláctico.

    b. Ataque cardíaco.

    c. Pérdida de peso.

5. ¿Cuántos son los grupos de sustancias o productos los que causan alergias e intolerancias y sobre cuya presencia en los alimentos deberá informarse?

    a. Quince.

    b. Catorce.

    c. Trece.

6. ¿Qué significa la sigla APPCC?

    a. Aplicación de Productos Para Controlar Cocinas.

    b. Análisis de Peligros y Puntos de Control Crítico.

    c. Asociación Preventiva de Protección Contra Contaminación.

7. ¿En qué fase del proceso de higienización se eliminan restos visibles de suciedad?

    a. Limpieza.

    b. Desinfección.

    c. Esterilización.

8. ¿Qué se elimina con la esterilización?

    a. Sólo microorganismos patógenos.

    b. Todos los microorganismos, incluso esporas.

    c. Sólo virus.

9. ¿Cuál de estos productos suele ser un alérgeno común?

    a. Frutos secos.

    b. Arroz.

    c. Patata.

10. ¿Qué elemento debe estar SIEMPRE definido en un Punto Crítico de Control?

    a. Un límite crítico.

    b. Un color de etiqueta.

    c. Un número de lote.

Aplicaciones prácticas

Aplicación práctica. 1. Enfermedades transmitidas por los alimentos

U. A. 1. Enfermedades transmitidas por los alimentos

Ciertas bacterias, en condiciones favorables, crecen y se multiplican en los alimentos, produciendo unas toxinas o venenos responsables de la enfermedad, no siendo las mismas bacterias por sí solas causantes del mal. A continuación, en el siguiente enlace podemos leer una noticia real sobre una intoxicación alimentaria en el periódico El País en enero de 2020:

https://elpais.com/sociedad/2020/01/10/actualidad/1578681903_358530.html

1. ¿Qué hubiera pasado si alguna persona hubiera consumido este producto?
2. Redacta la noticia como si hubiera un total de 50 afectados por listeriosis en tu ciudad, en la que deberás explicar los síntomas, el tipo de mortalidad, cómo podría haberse evitado, la manera de transmitirse y otros tipos de alimentos que puedan contener listeria.

Aplicación práctica 2. Métodos de conservación

U. A. 2. Alteración y contaminación de alimentos

Para controlar la velocidad de multiplicación de las bacterias, hay que controlar la temperatura de conservación y cocinado de los alimentos. Completa el siguiente esquema sobre la temperatura de crecimiento bacteriano, en el que según la temperatura deberás exponer si las bacterias se multiplican o mueren.

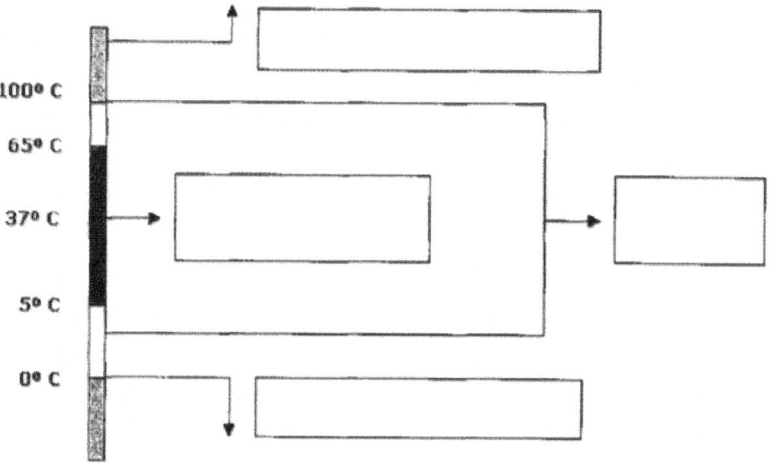

Ejercicio de evaluación final

1. ¿Cuál de los siguientes no es un tipo de nutriente?

   a. Glúcidos.

   b. Lípidos.

   c. Grasas.

2. ¿Qué bacteria se encuentra frecuentemente en la boca y en la nariz?

   a. Salmonella.

   b. *Staphylococcus.*

   c. Anisakis.

3. ¿Por qué no se puede toser, estornudar, silbar, etc. en las áreas de manipulación de alimentos?

   a. Porque es una falta de educación.

   b. Para evitar la contaminación de los alimentos a partir de las secreciones naso-bucales y prevenir una posible intoxicación por *staphylococcus*.

   c. Porque se pueden contagiar los demás trabajadores.

4. El individuo que, sin mostrar síntomas de enfermedad, lleva consigo los microorganismos capaces de producirla y los propaga a otras personas, se considera:

   a. Persona enferma.

   b. Portador.

   c. Persona inválida.

5. **¿Cuál de las siguientes actuaciones puede prevenir una toxiinfección alimentaria?**

   a. Mantener un elevado nivel de aseo personal.
   b. Mantener al alimento fuera de la zona de peligro.
   c. Todas las respuestas son correctas.

6. **Las intoxicaciones alimentarias:**

   a. No son enfermedades frecuentes.
   b. Solo están producidas por microorganismos.
   c. Están provocadas por sustancias venenosas de plantas, pescados y mariscos, setas, etc. y toxinas producidas por algunas bacterias.

7. **¿Pueden existir microorganismos en las latas de conservas?**

   a. No, porque en ellas no hay oxígeno y se mueren.
   b. No, porque las latas se esterilizan siempre y matan a los microorganismos.
   c. Sí, ya que si no se han esterilizado correctamente pueden quedar esporas y las bacterias que no necesitan oxígeno para vivir pueden multiplicarse en el interior de la lata.

8. **Si la salmonella es una bacteria que se puede encontrar en el intestino de personas portadoras, ¿cómo se puede evitar la contaminación de los alimentos por esta bacteria?**

   a. No fumando en las áreas de manipulación de alimentos.
   b. Con lavado correcto de manos tras ir al baño y entre la manipulación de alimentos crudos y cocinados.
   c. No tosiendo, estornudando, silbando, etc. cerca de los alimentos.

9. Las comidas preparadas cocinadas se deben:

    a. Enfriar rápidamente si se van a conservar en refrigeración hasta el consumo.

    b. Recalentar superficialmente en el momento del consumo.

    c. Dejar a temperatura ambiente hasta el momento del consumo.

10.¿Qué condiciones necesitan las bacterias para multiplicarse?

    a. Calor, humedad y tiempo.

    b. Substratos muy azucarados.

    c. Calor y aire.

11.¿A qué temperatura pueden morir las bacterias?

    a. 0º C.

    b. -50º C.

    c. 100º C.

12.¿Cuál es la causa más probable de contaminación química?

    a. Guardar los productos y materiales de limpieza en el área de manipulación de alimentos.

    b. Falta de higiene personal.

    c. Realizar trabajos de mantenimiento mientras se manipulan alimentos.

13.El traslado de bacterias desde los alimentos crudos a los ya cocinados por fallo en las prácticas higiénicas se denomina:

    a. Desinfección.

    b. Contaminación cruzada.

    c. Intoxicación alimentaria.

14.La temperatura óptima para el almacenamiento en refrigeración es:

   a. 0-4º C.
   b. 0-10º C.
   c. 5-65º C.

15.Cuando los alimentos se almacenan en refrigeración, las bacterias:

   a. Mueren.
   b. Se multiplican muy lentamente.
   c. No crecen.

16.El curado:

   a. Es una técnica de conservación en la que se adicionan nitratos junto con cloruro sódico (sal común).
   b. Tiene como objetivo principal conservar el color de los productos cárnicos.
   c. Es un método de conservación por deshidratación.

17.¿Por qué es conveniente una correcta educación en materia de higiene alimentaria de aquellas personas que trabajan con alimentos?

   a. Porque esta práctica puede evitar la contaminación de los alimentos manipulados.
   b. Porque, en caso contrario, no se podría abrir un local destinado a servicios alimentarios.
   c. Porque con este tipo de educación las personas están más preparadas profesionalmente.

18.¿Por qué debe un manipulador de alimentos lavarse las manos?

   a. Para reducir el riesgo de que el empleado se contamine a partir de los alimentos.
   b. Porque lo exige la ley.
   c. Porque así se reduce el riesgo de que los gérmenes existentes en las manos contaminen los alimentos.

19.¿Por qué es ilegal fumar en las áreas alimentarias?

   a. Porque el humo y las cenizas pueden ser desagradables para otras personas.
   b. Porque fumar supone el contacto con la boca y además favorece la contaminación cruzada.
   c. Porque el humo favorece la aparición de cáncer.

20.La indumentaria de protección del manipulador de alimentos debe:

   a. Ser bonita y de colores vivos para dar buena imagen.
   b. Estar limpia. Ser cómoda, de colores claros y utilizarse únicamente en el lugar de trabajo, nunca fuera del mismo.
   c. Ser planchada recientemente.

21.Usted acude al trabajo tras sufrir diarrea toda la noche. ¿Qué debería hacer?

   a. Tomarse una aspirina cada cuatro horas.
   b. Lavarse las manos más de lo habitual.
   c. Informar a su superior.}

22.¿Cuál es la principal consideración a tener en cuenta respecto a los contenedores de basura?

   a. Que sean ligeros de manejar.
   b. Que sean lo suficientemente grandes como para albergar la basura de varios días de trabajo.
   c. Que tengan una tapa adecuada y sean fáciles de limpiar y desinfectar.

23.La principal razón por la que se deben controlar las plagas es que estas: {

   a. Transmiten enfermedades.
   b. Desagradan a consumidores y personal.
   c. Se comen los alimentos.

24. ¿Cuál de las siguientes sustancias tiene poder desinfectante?

a. Un detergente.
b. El agua muy fría.
c. Un agente higienizante.

25. Si el equipo de utensilios utilizados en la elaboración de productos se emplea de forma inadecuada, puede originar:

a. Contaminaciones entre manipuladores.
b. Contaminaciones entre los diferentes productos manipulados.
c. Olores y sabores anómalos en los productos.

26. ¿Cuál es la principal razón por la que las tablas de madera no son adecuadas en las instalaciones de manipulación de alimentos?

a. Son absorbentes y difíciles de desinfectar.
b. Son muy caras.
c. Se pueden astillar y herir al personal.

27. ¿Cuáles de los siguientes alimentos se consideran de alto riesgo? {

a. Leche y derivados.
b. Conservas de pescado.
c. Frutas y verduras.

28. ¿Qué establecimiento desarrolla una actividad de mayor riesgo?

a. Sala de despiece de carnes.
b. Comedor escolar.
c. Supermercado.

29. En cuanto a la leche:

a. Puede servir de materia prima para la elaboración de quesos frescos sin necesidad de recibir ningún tratamiento.

b. Siempre hay que conservarla en frío.

c. Debe ser higienizada siempre antes de la elaboración de quesos frescos, yogures, cuajada, etc.

30. La temperatura de conservación, almacenamiento, venta y servicio de comidas preparadas calientes es:

a. Superior o igual a 65º C.

b. Superior o igual a 50º C.

c. Superior o igual a 60º C.

Ejercicio de evaluación final

Solucionario

U. A. 1. Enfermedades transmitidas por los alimentos

1. c

2. a

3. a

4. c

5. a

6. b

7. a

8. a

9. a

10. b

U. A. 2. Alteración y contaminación de alimentos

1. a

2. b

3. c

4. b

5. c

6. b

7. a

8. a

9. b

10. b

U. A. 3. Prevención de enfermedades de transmisión alimentaria

1. b

2. c

3. c

4. a

5. b

6. b

7. a

8. b

9. a

10. a

Bibliografía

Legislación

Real Decreto 109/2010, de 5 de febrero, por el que se modifican diversos reales decretos en materia sanitaria para su adaptación a la Ley 17/2009, de 23 de noviembre, sobre el libre acceso a las actividades de servicios y su ejercicio, y a la Ley 25/2009, de 22 de diciembre, de modificación de diversas leyes para su adaptación a la Ley sobre el libre acceso a las actividades de servicios y su ejercicio.

Real Decreto 3484/2000, de 29 de diciembre, por el que se establecen las normas de higiene para la elaboración, distribución y comercio de comidas preparadas.

Webgrafía

Alimentación saludable, consumo responsable. Agencia española de seguridad alimentaria y nutrición.
https://www.aesan.gob.es/AECOSAN/web/noticias_y_actualizaciones/galeria_de_medios/ampliar/radio5.htm

Análisis de listeria. Siggo.
https://www.siggo.es/blog/industria-alimentaria/analisis-de-listeria-monocytogenes-en-alimentos-por-que-es-importante

Anisakis. Agencia española de seguridad alimentaria y nutrición.
https://www.aesan.gob.es/AECOSAN/web/para_el_consumidor/ampliacion/anisakis.htm

Anisakis y congelación. Eroski Consumer.
https://www.consumer.es/seguridad-alimentaria/anisakis-y-congelacion.html

Listeria. Hostelería de Madrid.

https://www.hosteleriamadrid.com/blog/area-de-calidad-y-seguridad-alimentaria/listeria-los-alimentos-mas-propensos-a-transmitirla/

Peligros biológicos. Pan American Health Organization.

https://www.paho.org/hq/index.php?option=com_content&view=article&id=10838:20 15-peligros-biologicos&Itemid=41432&lang=en